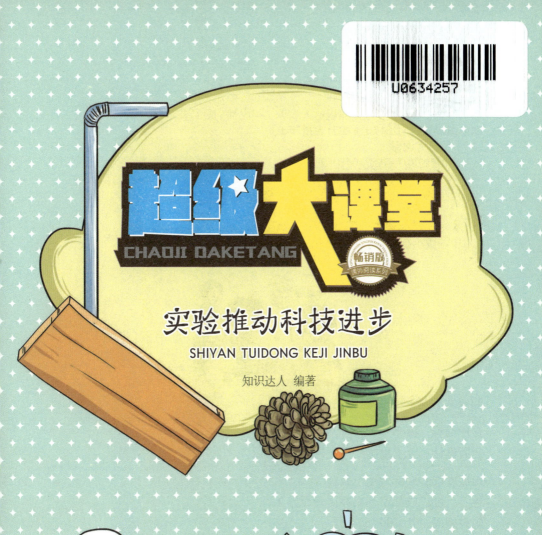

超级大课堂

CHAOJI DAKETANG

畅销版
课外阅读系列

实验推动科技进步

SHIYAN TUIDONG KEJI JINBU

知识达人 编著

成都地图出版社

图书在版编目（CIP）数据

实验推动科技进步 / 知识达人编著 . —成都 : 成
都地图出版社 , 2017.1（2021.5 重印）
（超级大课堂）
ISBN 978-7-5557-0410-2

Ⅰ . ①实… Ⅱ . ①知… Ⅲ . ①科学实验—青少年读物
Ⅳ . ① N33-49

中国版本图书馆 CIP 数据核字 (2016) 第 208151 号

超级大课堂——实验推动科技进步

责任编辑：魏小奎
封面设计：纸上魔方

出版发行：成都地图出版社
地　　址：成都市龙泉驿区建设路 2 号
邮政编码：610100
电　　话：028－84884826（营销部）
传　　真：028－84884820

印　　刷：唐山富达印务有限公司
（如发现印装质量问题，影响阅读，请与印刷厂商联系调换）

开　　本：710mm×1000mm　1/16
印　　张：8　　　　　　　字　　数：160 千字
版　　次：2017 年 1 月第 1 版　　印　　次：2021 年 5 月第 4 次印刷
书　　号：ISBN 978-7-5557-0410-2
定　　价：38.00 元

前　言

为什么收音机会发出声音？为什么飞机能在天上飞？为什么火车要在铁轨上前行？为什么照相机能拍照？最酷的科技武器有哪些？最先进的治疗仪器有哪些？航天飞机是怎么到达太空中的？机器人是怎么行动的？生活中有太多孩子们解释不了的为什么，我们的生活被高科技环绕着，高科技渗透到生活的方方面面，本书致力于增长孩子们的科技知识、提高学习科学技术的兴趣，用浅显通俗的语言、幽默风趣的插图，让小朋友们在快乐中轻松获得知识，真正理解高科技。全套图书内容丰富，涵盖面广，涉及航天、电子、军事、天文、医疗、生物等多个知识领域。全书以独特的视角，为孩子营造了一个超级广阔的科技阅读空间。

让我们现在就出发，一起到科技的王国探秘吧！

目录

金属丝网的奇妙作用

想必大家一定都见过各式各样的金属网，但是大家知不知道金属网有什么奇妙的特性呢？现在，让我们一起来做个小实验吧！

首先让我们来制作一个能够产生酒精蒸汽的小装置：在一根试管里装上酒精，然后在管口处塞上一个橡皮塞子，并从塞子中间插进一根细细的尖嘴玻璃管。做好这一切之后，把这个试管装置放到烧杯当中。因为酒精的沸点是78℃，而水的沸点是100℃，所以只要往烧杯当中倒入适量的开水，酒精就会达到沸点而开始蒸发，酒精蒸汽也会随之从尖嘴玻璃管口中不断地冒出来。

这样我们的准备工作就基本完成了，而我们今天试验的主角——铜丝制成的金属网也该出场了。拿出一根小木棍，用火把它点燃，等到明显的火焰出现时，就可以把木棍放到尖嘴玻璃管口了，

而从试管里面蒸发出的酒精蒸汽就会在管口开始燃烧。然后我们用镊子夹住一小张铜丝网，把它放到玻璃管和木棍之间。这个时候我们会发现，铜丝网上方的酒精蒸汽仍旧在燃烧，下方却不见了火焰的踪影；我们再把铜丝网移到木棍的上方，火焰竟然也只在铜丝网下方跳动，而不会跑到铜丝网的上方，这是为什么呢？秘密就在于金属网的材料上。铜丝既可以导电，又是散热的"能手"。高温的火焰在碰到铜丝网之后，热量就会很快散失掉，而温度降低了，酒精蒸汽不能达到燃点，火焰自然也就消失了，所以就出现了上面的情况。其实，并不是只有这种专门的铜丝网才可以做这个实验。平时人们喝饮料剩下的易拉罐是随处可见的，我们只要找到一个空易拉罐，把它的铁皮剪下来，在铁皮上面戳出许多个小洞出来，这块布满小洞的铁皮就可以代替上面的铜丝网了。

面粉

　　一些煤矿的老板经常向科学家们求助，在矿洞中，常常会出现易燃易爆的气体——瓦斯，这种瓦斯只要遇到一点火星儿就会发生爆炸。而整个矿洞中飞舞着大量煤粉，要是用明火照明的话，很容易产生爆炸。所以在地底下工作的矿工们都是在黑暗中进行作业的，工作条件十分艰苦。英国科学家戴维听到了这个消息之后，立刻就想到了能够困住火的铜丝网，于是他马上开始研究，并且发明出了一种能够防火防爆的安全矿灯。到后来，这种经过持续改进的矿灯，又被用在了一些面粉厂和化工厂。那么，为什么面粉厂也需要这种防火防爆的矿灯呢？我们再做一个小实验来观察一下吧！

　　我们先找一个小纸盒来充当面粉厂的厂房，再在小纸盒的上方挖一个洞，把一些面粉从这个小洞吹到盒子里去，然后划着一根火柴扔到盒子里。这时，让我们意想不到的一幕出现了：当火柴盒里面飞扬的面粉刚一接触到燃着的火柴，小盒子就直接被炸翻了，看来面粉厂也需要防火防爆。那么，让我们来看看铜丝网会在这种情况下起什么作用呢？我们将一片小铜丝网折成一个小罩子，然后罩住一根小蜡烛，再把小纸盒子盖在罩有铜丝网的小蜡烛上面，如法炮制地往盒子里吹入一些面粉，这次小盒子安然无恙，这就说明铜丝网在面粉厂里也可以起到很好的防火防爆作用。

大家知道吗？这种防爆灯不但不会与面粉厂里的粉尘相作用产生爆炸，反而还会借助这些粉尘的力量越变越亮呢，是不是很神奇呀！我们把那个小盒子拿开，往铜丝网上面撒上一把面粉，面粉虽然进入了铜丝网，却没有发生爆炸，反而是面粉接触到火焰之后，也开始燃烧，所以火光看上去就更亮了。有人也许还会问，要是铜丝罩子里面的灯倒在了铜丝上，那会不会使铜丝网失效呢？对于这个问题，我们也还是用实验来回答吧！点燃一根蜡烛，在其上方放置一个铜丝网，然后慢慢地将铜丝网向下垂直移动，我们会发现蜡烛的火焰一直被铜丝网罩着，丝毫不会越过铜丝网的界限，等到铜丝网快接触到蜡烛的灯芯时，蜡烛干脆就熄灭了。因此，铜丝网控制火焰的能力还是很强的，大家完全不用担心。

蜡烛抽水机

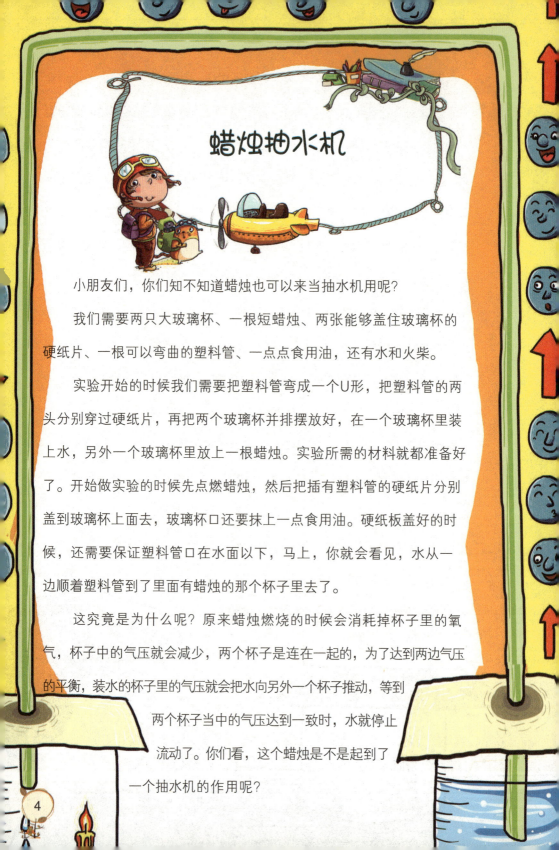

小朋友们，你们知不知道蜡烛也可以来当抽水机用呢？

我们需要两只大玻璃杯、一根短蜡烛、两张能够盖住玻璃杯的硬纸片、一根可以弯曲的塑料管、一点点食用油，还有水和火柴。

实验开始的时候我们需要把塑料管弯成一个U形，把塑料管的两头分别穿过硬纸片，再把两个玻璃杯并排摆放好，在一个玻璃杯里装上水，另外一个玻璃杯里放上一根蜡烛。实验所需的材料就都准备好了。开始做实验的时候先点燃蜡烛，然后把插有塑料管的硬纸片分别盖到玻璃杯上面去，玻璃杯口还要抹上一点食用油。硬纸板盖好的时候，还需要保证塑料管口在水面以下，马上，你就会看见，水从一边顺着塑料管到了里面有蜡烛的那个杯子里去了。

这究竟是为什么呢？原来蜡烛燃烧的时候会消耗掉杯子里的氧气，杯子中的气压就会减少，两个杯子是连在一起的，为了达到两边气压的平衡，装水的杯子里的气压就会把水向另外一个杯子推动，等到两个杯子当中的气压达到一致时，水就停止流动了。你们看，这个蜡烛是不是起到了一个抽水机的作用呢？

你知道吗?

抽水机的原理和作用

抽水机又名"水泵"。它是一种将水从低处送到高处的机器。它一般采用的是离心式抽水。这种抽水机当中会有一个叶轮，叶轮快速转动的时候会产生离心力，水在离心力的作用下被甩出，输送到另外一个地方。抽水机的应用很广泛，可以用来灌溉农田，可以用来排出污水。根据不同的需求，还有许多不同的种类。

大气也有压力

地球的周围被一层厚厚的空气包裹着，它就是地球的外衣——大气层。大气层中有氧气、二氧化碳、水蒸气和一些其他的混合气体。它的厚度有1000多千米。就像是在池塘里要受到水的压力一样，我们处于大气层这个气体池塘里也要受到气体的压力。科学家们就把这些压力称为大气压。海拔低的地方气压高，海拔高的地方气压反而低。

你能用火柴"点"电灯吗?

大家都知道,火柴可以点燃蜡烛、纸张和木头等一些易燃物体,可是火柴能够点亮电灯吗?实践出真知,那我们动起双手一起做一个实验吧!

首先,我们需要准备此次试验的"主角"——铅笔芯,我们只需小心翼翼地把铅笔剖开,从里面取出一截10厘米左右的铅笔芯就可以了。然后我们将要用这根铅笔芯来组装一个简易的小电路。准备一个五号电池盒,将电池装上。再拿出一个小灯座,将小灯泡拧上。最后当小开关、铅笔芯、电池盒和灯座都准备妥当之后,用导线把它们连起来。在连接的过程中,可以将导线直接缠绕在开关、电池盒、小灯座上面的小螺丝上。而对于没有小螺丝的铅笔芯,我们需要削掉一截包裹在导线外面的塑料皮,然后用里面的铜丝在铅笔芯的两头绕上几圈,这样铅笔芯也同样能够在电路中起作用了。

组装好电路之后,我们先将缠绕在铅笔

芯两头的导线一起移动到中间位置，再打开开关，我们会发现小灯泡亮了！然后我们再慢慢地将铅笔芯中间位置上的两根导线向两头移动，让两根导线之间的距离越来越远，我们会发现，灯泡的亮光也在跟着一点一点变暗，到了最后，灯泡竟然不亮了！

这个时候，火柴大显身手的时刻就到了，它如同一个魔术师一样，能够把灯泡点着！我们用一根燃着的火柴去加热铅笔芯，会发现随着加热的时间逐渐增加，灯泡竟然跟着慢慢地亮了起来，真的是不可思议！

火柴竟然可以点亮电灯，这是怎么回事呢？原来呀，铅笔芯是导电体，所以开关打开之后灯泡会亮。但是铅笔芯导电的能力是有变化的：它的长度越长，导电性能就越差。因此，当铅笔芯上的导线之间的距离越来越远时，在电路中起导电作用的铅笔芯就变得越来越长，而电路的导电性也就由此越变越差，直到无法导电而中断了电流。

然而，铅笔芯的导电性除了受长度的影响之外，还会受到温度的影响，随着温度的升高，它的导电性就会变强。所以当我们用燃着的火柴来加热铅笔芯的时候，灯泡又会重新慢慢地亮起来。等到火柴燃尽了，铅笔芯的温度会慢慢下降，导电性也随之变差，灯泡就会越来越暗，直至熄灭。

其实，这种可以让电流通过的材料早就有了自己的名字，叫作导体；而那种阻碍电流传输的物质也有一个名字，叫作电阻。铅笔芯本身就是导体，它的电阻会因自身长度的增加而变大，也会因温度的上升而减小。

　　火柴就是利用铅笔芯的这个特性来点亮电灯的。更神奇的是，火柴不但能够点亮电灯，它还可以熄灭电灯呢！

　　熄灭电灯的实验需要准备一根电灯里面的灯丝，这一准备工作可以寻求爸爸妈妈的帮助。敲碎一只灯泡，然后将里面的灯丝小心翼翼地取出，用导线把灯丝的两端连接起来，接通电流之后，电路里面的小灯泡就会发光了。这时，依旧拿一根火柴，点燃之后靠近那个灯丝，持续加热一小会儿，小灯泡就会熄灭；等火柴燃尽了之后，它又会慢慢地亮起来。

　　真的是很神奇啊！通过铅笔芯的试验，我们就知道了这个灯丝试验的道理也是和温度有关的。灯丝的电阻跟铅笔芯恰恰相反，是随着温度的上升而变大的，所以被火柴加热到一定程度之后，就不导电了，小灯泡自然就熄灭了。

在瓶内吹气球会怎么样？

小朋友，如果把气球放在瓶子里吹起来，这时候会不会有什么有趣的事情发生呢？我们找一个废弃了的酒精瓶，瓶子最好是那种带橡皮塞的。在橡皮塞上钻两个小洞，把两个管子塞进去，还要在管子上用彩笔做上记号，一个标红色，一个标黑色。在红色的管子的下方绑上一个气球，接着把橡皮塞盖上，气球就在瓶子里面了。我们向红色的管子里吹气，气球慢慢地变大了，我们不吹气了之后，松开红色管子，气球"哧"的一声就瘪了。我们再来做一次，依旧是把气球吹起来，等气球吹起来之后，迅速地捏住红色和黑色的管子，不要让气球和瓶子里的空气跑了，再松开红色的管子，你会发现气球这回没有瘪！

为什么气球不会变小呢？这都是气压在作怪。第二次松开红色管子之后，气球在最开始的时候还是会收缩的，气球收缩了之后，瓶子内的气体体积就会变大（黑色的管子是封住的），体积变大之后气压就会减小，这时外部的气压比里面的大，所以气球就不会继续减小了。

测量大气压力的工具

地球的周围都存在着大气压力，我们现在使用的测量大气压力的工具是由科学家托里拆利发明的。这种气压计有一根装有液体的玻璃管，玻璃管的上端是密封的，下端则浸在一个装有相同液体的容器里。大气压力会使玻璃管里液体的高度发生变化，稳定时玻璃管里液体的高度也就是这个时候的气压了。

大气压跟天气有关系

有的时候我们会觉得下雨的时候天气很闷，这个也是因为气压的原因。在晴天的时候空气十分的干燥，里面的水分少，在雨天的时候空气的湿度会加大，空气里增加的水分会使空气的密度变小，那么相同体积的湿空气就会比干燥空气轻。大气压力和空气的质量有关系，所以在雨天或者是阴天的时候气压会比晴天的时候低。

奇妙的声音传播

小朋友们有没有试过用录音机给自己录音呢？如果录过的话，当你们听到录音机里放出自己的声音时，你是不是觉得录音机里的那个声音和自己的声音不太一样？

之所以会产生这样的差异是和声音的传播有关系。声音的传播是要借助外物，在物理中，我们把声音传播所借助的物质叫作介质。空气是一种介质，所以我们能够听见旁边的人说话；墙壁也是一种介质，所以我们在房间外面有的时候能够听见房间里面的人说话。我们听到自己的说话声时，有一部分是通过空气传过来的，还有一部分则是通过我们自己的骨头传过来的。而我们听录音机里录下来的自己的声音则全部是由空气传播过来的，所以会让你觉得那个不是你自己的声音。

　　下面我们做一个小实验来证明一下，声音在水里和在固体里是不是都能够传播。我们先来看看固体能不能够传播声音。我们找来两个喝水的纸杯子，在杯子的底部钻上两个小孔，再拿一根三到四米的绳子从两个杯子的底部穿过去，打个结，使绳子不会掉出来。然后我们和爸爸一人拿一个杯子，分别到一个房间里，让爸爸说句话，你就可以从杯子中听到爸爸的声音。因为你们隔得很远，声音通过空气传播的部分还没有到我们耳朵就消失了，那么声音是怎么传过来的？通过分析，我们不难发现绳子成了传播声音的另一种有效媒介。

再来看看水里的实验。这个实验相对简单很多，我们去游泳的时候，深深地吸一口气，一头钻进水里，看看能不能听到外面的声音，如果能听到就说明水能够传播声音。事实上我们在水中还是可以听见声音的。

实验证明，声音在固体和液体里的传播速度比在空气里快。举个例子，我们在一些战争题材的电影里看到，主人公有的时候会把耳朵贴在铁轨上，然后告诉其他人，列车就要来了。这就是因为声音在固体中传播的速度比在空气中快，铁轨传过来的火车行驶时的声音就要快一些，所以他们能够通过铁轨迅速了解到火车的动向。

并不是所有的东西都可以传播声音，还有一些东西能够把声音给"吃"掉，比如说厚厚的毯子。因为毯子十分的柔软，并且里面结构松散，有很多小空洞，声音在小空洞里传播时就会慢慢地衰减掉，最后就没有声音传出来了。

简单互具切酒瓶！

玻璃存在于我们生活的各个角落，这些各式各样的玻璃都是工人们利用特殊的工具加工制成的，我们能否利用家里的一些日常生活用品来切割它们呢？下面就让我们来试一试吧。

我们首先先找来一个空啤酒瓶充当做实验的材料，然后在一个大脸盆里装满冷水，再到妈妈那里找来一根粗粗的棉线，放到油里浸泡一会儿。等棉线吸满了油之后再把它拿出来，在啤酒瓶的瓶身上缠绕一到两圈，一定要缠得紧紧的。缠好后把多余的线头剪掉，用打火机点燃棉线，这个时候一定要小心，千万不要烧到手。等到棉线烧完了之后，迅速把啤酒瓶放进装满冷水的脸盆里，然后一只手捏住瓶颈，另一只手捏住瓶身，两手同时用力一掰，大家就会发现，随着"啪"的一声脆响，啤酒瓶竟然从

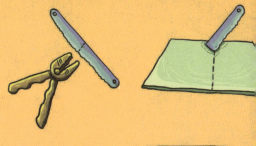

刚刚绕过棉线的地方断开了。而且啤酒瓶的断口处非常的平整，就跟被刀切过的一样。

上述切割的方法就是热切割，被棉线烧过的那部分瓶身温度本来很高，浸入冷水中之后，温度骤然降低，玻璃内部的分子遇冷就会产生收缩，使得瓶口高温处出现裂纹，这时我们再一用力，就可以借着这道裂纹把瓶子掰断。可是用火切割的方式有一定的危险性，有没有不用火的切割办法呢？答案是有的。在玻璃加工厂，工人们通常会用一把特制的金刚石刀来切割玻璃，工人们只需用这把刀在玻璃上划一下子，就可以顺着被划出的裂缝把玻璃给掰断。但是在生活中，我们的家里大多是没有金刚石刀的，那要用什么东西才能切割像玻璃这一类的硬东西呢？

现在我们再来做一个实验，看看家里的日常工具能否切断像瓷砖这类的硬家伙。首先我们要在瓷砖的背面用铅笔描上一条直线，这条直线就是我们要把瓷砖切开的位置。通常瓷砖的背面比正面要容易切开得多，所以我们就用裁纸刀尖尖的那一端在瓷砖的背面用力划出一条缝隙。等到缝隙划出来之后，我们就将瓷砖浸入水中，让瓷砖的背面吸收充足的水分，这样方便接下来的切割。大约浸泡5分钟之后，就可以把瓷砖拿出来放到桌子上了。这个时候大家要注意将瓷砖有缝隙的那一面朝上放置，并使之前在瓷砖背面划出的缝隙与桌子的边缘对齐，一切妥当之后，我们一只手按住桌子上的那一半瓷砖，另一只手按住悬空的那一半，然后用力地往下一压，瓷砖就顺势地被我们掰成两半了。怎么样，是不是很像电视里那些单手劈开砖头的高手啊！

你知道吗？

热胀冷缩

大部分物体都会有热胀冷缩的现象，受热之后物体的体积会变大，而遇冷物体的体积则会变小。所以我们可以利用这个原理用热水让瘪了的乒乓球重新圆起来。

水的反常性质

在特殊的温度范围内，水并不会遵守热胀冷缩的原理，在0℃到4℃的时候，水的体积不会因为温度的上升而变大；相反的，它的体积会减小，等温度超过了4℃，水才会遵守热胀冷缩的原理。

能够吹火焰的电

大家观察过火焰的形状吗？我们点燃一根蜡烛，只要仔细地观察一下，就会发现蜡烛的顶端跳跃着一团下面圆上面尖的椭圆形火焰，而且还会时不时地跳动几下，变幻多姿、美轮美奂。可是大家有没有想过，去改变一下火焰的形状呢？

下面就让我们通过实验来看一看蜡烛火焰的形状是怎样被改变的。先将两块能够导电的金属板平行放置在两个绝缘体架子上，然后

再在两块金属板中间放置一根点燃的蜡烛，并且让蜡烛的火焰正好在两块金属板中间。

这时我们再找来一个小型起电机，并把起电机的两根导线与两个金属板分别连起来，这样就基本准备妥当了。接下来就让我们摇动起电机，让起电机开始工作吧！用不了多久，神奇的一幕就会出现，大家会发现蜡烛的火焰竟从中间分开，并像两片分开的叶子一般正好指向两边的金属板。如果大家一直保持起电机的工作状态，就会发现分开的火焰又慢慢地变了一个倒三角的形状。

那么，到底是什么东西改变了火焰的方向呢？

秘密就在火焰自身当中。由于蜡烛的火焰温度很高，因而围绕在火焰周围的空气就会分解成两种细小的带电微粒，其中一种带有负电荷，另一种带有正电荷。而起电机能够使金属板中间产生了一个强大的电场，这个电场可以带动所有带电粒子的运动，并且是带正电的粒子与带负电的粒子向着相反的两个方向运动。而火焰就是在这两种带电粒子的带动下，分成了两个部分，最终形成了一个倒三角的形状。这种现象，就好像是带电粒子奔跑的时候所带过的风，将火焰吹成其他形状，因此们通常把这种带电粒子运动时形成的"风"叫作"电风"。

我们再来做一个实验，来观察一下电风吹蜡烛的情况。这个实验在上个实验的基础上进行就可以了。我们先把上个实验中的能够导电的金属板换成同样能够导电的金属棒，在这个金属棒的一端有一个尖头。我们把蜡烛放到这个金属棒的前面，让蜡烛的火焰正好对着金属棒的尖头。然后我们就开始发动起电机，这个时候我们就会发现蜡烛的火焰像是被风吹动了一样，竟然朝着远离尖端的方向偏离。

　　这次火焰变化的原因和之前的基本是一个道理。当起电机产生了电量后，这些电量就会在金属棒上积聚，致使金属棒的尖头上积攒了大量的电荷。这样一来，金属棒的尖端就会具备很高的电压，而这么高的电压势必会带动金属棒周围空气里的带电粒子，这些带电粒子在运动过程中又会与空气分子发生碰撞，产生更多的带电粒子。其中一部分电粒子会和金属棒尖端的电荷发生作用，而另一部分则会远离尖端，从而形成电风，让火焰向外偏离。如果我们能保证起电机的持续运作，就能产生强度足够大的电风，也就有可能吹灭蜡烛。

　　如果我们关上灯来做这个实验，就能清晰地看到这些带电粒子，它们在运动的时候会发出一些细微的亮光，使得金属棒的尖端出现一层光晕，淡淡的，像雾一样，如同一群在空气中浮动着的小精灵。

火焰是什么

燃烧是一种化学反应，当可燃物、着火点、氧气等燃烧条件满足时就会发生燃烧现象，在燃烧过程中会出现可见光，这就是大家能看到的火焰。火焰由内到外分为三个部分，分别是焰心、内焰、外焰，焰心温度最低，越到外面温度越高。

物质的电离

电离，又称离子作用。当物质中那些中性的原子或分子，形成可以自由移动的离子时，就发生了电离现象。电离的发生环境也是严格的，电离物质必须是纯净的化合物，酸碱盐一般都可电离，只是强弱不同而已，氧化物和硫化物也可以电离。

自己会吹泡泡的瓶子

在玩具店里，我们经常能够买到可以吹泡泡的小玩具，这些玩具都需要我们自己吹才能出现许许多多的泡泡，那有没有一个能够自动产生泡泡的东西呢？

我们找一个塑料的矿泉水瓶子，这个就是我们制造泡泡的核心装置。然后把几根可以弯曲的吸管连接起来，连接的地方用胶带小心翼翼地包好，不要留有缝隙。把吸管放到瓶子里面去，而瓶子则用平时的橡皮泥给封起来。我们再把吸管的另一端放到盛满肥皂水的杯子里。神奇的"泡泡机"就要出现了。

我们拿一杯开水淋在矿泉水瓶上，盛满肥皂水的杯子里立刻就会发出噗噗的声音，随之而来的还有许多的气泡出现。是不是很神奇啊？不用我们自己吹气也能有泡泡。

其实呢，那个矿泉水瓶子代替了我们，是它向肥皂水里吹的"气"。我们把热水浇到瓶子上之后，瓶子受到了热量，就把这些热量传递给了瓶子里的空气，空气受热后膨胀，体积就会变大，而瓶子里只有那么小的位置，有一些空气就被挤出了瓶子，它们就顺着吸管跑了出去。所以杯子里就会有"噗噗"的声音出现，那就是空气跑出来的声音。从吸管里跑出来的空气就跟我们吹出来的空气一样，会把肥皂水变成泡泡。

你知道吗?

大气压受温度的影响

热空气发生膨胀，就会使得一定空间里的空气变少了，空气变少了重量就会减小，而大气压力和空气的重量成正比，也就是说，天气变热时气压会降低，天气变凉一些，气压会升高。

你知道风是怎样形成的吗

两个地方的温度如果相差太大的话，两个地方的气压也会不同，气压不同就会导致气流从气压高的地方流向气压低的地方，这种气流的活动就是生活中最常见的风了。温度差距越大，气压的差距也就越大，这个时候产生的风也就会越大。生活中的大风天气就是因为两个地方的温差太大而导致的。

自己会"走路"的杯子

大家都知道，人可以走路，小动物可以走路，那是因为都有腿。可是你能让我们平时喝水的杯子自己走起路来吗？

下面我们就来做一个让杯子走起路来的小实验吧！

在这个实验中，我们首先准备一块玻璃板，并把这块玻璃板放在水里浸湿。再把浸湿的玻璃板放在桌子上，用几本书将玻璃板的一端垫高使它形成一个斜坡，这些书本大约高五厘米。做完这些工作之后，再拿出来一个玻璃杯，把玻璃杯的杯口用水打湿，并使玻璃杯的杯口贴在玻璃板上。最后，点燃一根蜡烛，并且用蜡烛的火焰去烧杯子的底部。神奇的现象就发生了，这个玻璃杯竟然慢慢地向前"走"了起来。

杯子为什么会"走路"呢？让我们一起来看看这一现象发生的原因吧！大家都知道热胀冷缩的原理，当蜡烛燃烧杯子底部的时候，里面的空气就会受热膨胀。膨胀变大的空气就会往外挤，可是杯子的口贴着玻璃板，而且杯口和玻璃板上的水起到了密封的作用。这样一来，里面的空气挤不出来，就会使劲把杯子往上顶，这样杯子就会移动，往前滑行。

如何获取指纹

在警匪电影当中，我们经常能够看到警察叔叔在破案的时候，会仔细地检查每一样东西，他们在找什么呢？他们是在寻找犯罪嫌疑人遗留下来的一些证据。其中，很重要的一个证据就是指纹。警察叔叔会用特殊的方法，把印在物体上面的指纹取下来。看起来，从物体上把一个指纹提取出来是件十分神奇的事情，不过这件神奇的事情我们自己也能够完成。

首先准备两张一模一样的白纸，跟烟盒一样大小就行了。在准备这

些的时候，最好不要用手捏白纸，免得留下指纹。然后我们用我们的大拇指在其中的一张白纸上使劲按一下，以便留下我们的指纹。这个时候两张白纸在我们的肉眼下，看起来一模一样，我们的指纹也是看不见的。不用着急，接下来，我们的实验就会让我们肉眼看不到的指纹，神奇地显现出来。

大家先到厨房里去拿一把金属小勺子，然后在里面倒一点碘酒。再把小勺子拿到点燃的蜡烛上面加热，当小勺子上面有碘酒的蒸汽出现时，我们就立刻用镊子夹起一张白纸，放到勺子上面，使碘酒冒出的蒸汽能够熏到白纸上面。等到把两张白纸都熏完了之后，我们就会发现奇迹出现了，两张本来看起来一模一样的白纸，此时却不一样了。在我们眼前，一张白纸上面什么都没有，而另一张白纸上却清晰地出现了我们之前印上去的大拇指指纹。

为什么碘酒产生的蒸汽会让肉眼看不见的指纹显形呢？

原来，经过加热之后，碘酒当中的碘就会随着温度的升高而变成碘蒸汽。我们的手指在按过白纸之后，就会将上面的油脂留在白纸上，这些油脂是肉眼看不出来的。而当碘蒸汽遇到白纸上的油脂时，就会被油脂吸收，所以就会把手指的指纹显现出来。而另一张白纸上没有能够吸收碘蒸汽的油脂，自然就不会有什么痕迹显现。

这种办法是警察叔叔们在提取指纹的时候，经常采用的一种方法呢，只不过他们利用的仪器更加精确，可以提取白纸以外各种东西上面的指纹。大家要是感兴趣的话，也可以自己去试一试啊。

碘

怎样防止铁生锈

铁锈在我们生活中随处可见，铁衣架外面的塑料皮掉了之后，就会生锈，还会弄脏我们的衣服，怎么洗都洗不掉，很让我们头痛。在工厂里，机器生锈还会影响到机器的正常工作，人们想了各种办法来防止铁生锈。我们可以先来研究一下为什么铁会生锈。

先找来三只铁钉，用砂纸把钉子上面的污垢都磨掉，把它们并排放在几层纱布上面，我们把它们做上记号，标记为1、2、3号铁钉。我们还需要两节电池和一个电池盒，把两个电池装进电池盒后，在电池盒的正极和负极分别连上两根导线，正极的导线连接到1号铁钉，负极的导线连接到2号铁钉，3号铁钉不连接电池。再用盐水把卫生纸打湿，钉子上也要洒点盐水。这个实验需要持续两天，在这两天的时间里，我们要随时注意保持铁钉的湿润，不能让他们变干了，必要的时候还可以换上新的湿润的纱布。

等到了第三天，我们再来观察一下这三

个铁钉，1号铁钉和3号铁钉上都有黄色的铁锈，而2号铁钉没有任何生锈的迹象。把1号和3号做一个比较就会发现，1号铁钉生锈的程度比3号要严重得多。

科学家告诉我们，铁生锈其实就是铁被氧化的过程，而氧化其实就是金属在和空气中的氧气发生反应，而失去了自己的电子。1号铁钉因为和电池的正极连接着，所以它的电子失去得很快，也就生锈得很快。而2号铁钉连接的是电池的负极，电流的作用会阻止铁钉失去电子，不能失去电子也就不能够发生氧化作用，也就不会生锈了。3号铁钉就是在湿润的环境下自然生锈的。

所以，有的工厂会把一些重要的机器和电源的负极相连接，来防止它们生锈。那么在生活中，如何来防止生锈呢？首先，我们不要把铁质的东西放到潮湿的地方，水分是铁最大的敌人；其次，我们可以在铁制品上涂抹一点点食用油，使它们和空气之间有一层隔膜。

会"自动跳舞"的小木炭

冬天的时候，农村的人们通常会在一个大盆子里放上木炭，并通过烧木炭来取暖。还可以在火上烤些小零食吃。木炭就成为了冬天时候的必需品。小朋友们，你见过会跳舞的木炭吗？

在实验室里，我们就可以让大家见识到能够跳舞的木炭。

这个实验会用到一种特殊的化学试剂。我们先把这种固体的化学试剂装到一根试管里面，然后把试管固定在铁架子上面，在试管的下方，点燃酒精灯，让酒精灯来加热这个试管，慢慢地，试管里的固体就会融化，等到试管里的固体完全融化之后，我们就要请出今天的"主角"——小木炭了。把捏碎的小木炭

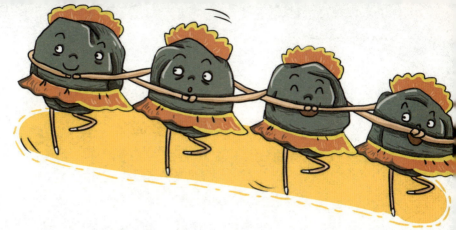

放到试管里去，酒精灯继续加热试管。要不了一会儿，放到了试管里的小木炭就会在试管里开始上蹿下跳，忽左忽右，在跳动的时候，还有红色的光，就好像舞台上绚烂的灯光一样，十分好看。

为什么小木炭能够自己跳动起来，还会发光呢？小朋友们，你们知道其中的奥秘吗？

秘密就在于我们之前放入试管里的那个神秘试剂。那个神秘试剂的名字叫作硝酸钾，当木炭刚刚放到硝酸钾里的时候，小木炭没有什么反应，但是酒精灯在不断地加热，小木炭的温度也变得越来越高，等温度上升到小木炭的燃点时，小木炭就会燃烧起来，小木炭燃烧产生的高温会使硝酸钾分解。硝酸钾分解出来的氧气又会让木炭燃烧得更快。木炭在氧气里燃烧会产生二氧化碳。产生的二氧化碳就会把小木炭给顶起来，这就使小木炭脱离了硝酸钾。没有木炭给硝酸钾提供热量，硝酸钾就不会分解释放出氧气，小木炭就不会在氧气里燃烧产生二氧化碳，这样整个反应就停止了。等小木炭掉下来的时候，这个反应就又可以进行了，小木炭又开始跳上跳下了。

火爆的硝酸钾

硝酸钾又叫作火硝。它是制作黑火药的原料之一。中国古代的工匠们发现把硝酸钾、木炭、硫磺按照一定的比例混合之后，就可以制作出火药。把火药点着之后，硝酸钾受热会分解出氧气，在高温环境下，氧气又会和木炭发生剧烈的反应，爆炸就产生了。

可以当作化肥的硝酸钾

硝酸钾不光是火药的原料，它还是化肥的一种。土壤里的有机物被分解之后，土壤里面的细菌就会把这些有机物给吞噬掉，然后会产生硝酸，硝酸又会和土壤里的一些离子反应，比如说钾离子、钠离子等，这样就会形成可以被植物吸收的养分。

如何做魔术螺旋桨

螺旋桨大家都看过，在飞机上或者是在船上，螺旋桨会快速地转动，给飞机、船只提供动力。这种螺旋桨转动是因为连接着发动机，发动机转动了，所以螺旋桨就会转动。相比之下，我们现在要制作的螺旋桨就比较神奇了，小朋友们，下面就让我们一起来揭开螺旋桨的面纱吧。

取一双一次性竹筷，把其中的一根削成一个长方体的形状。这个长方体会有四条长边，我们在这四条长边上，按照一定的距离刻出几道小槽，这个槽不用太深，但是距离一定要均匀，在刻之前，我们可以用尺子做好记号，并且标出槽的位置。然后我们用卡片纸剪出一个螺旋桨，用大头针把螺旋桨固定在刚刚做好的那个长方体的一端。

用另一根筷子，在装有螺旋桨的筷子的长边上来回地划动，我们会发现因为筷子上面的划痕，两根筷子摩擦的时候会发生振动，螺旋桨就会慢慢地随着这个振动开始转动起

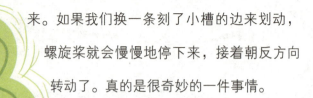

来。如果我们换一条刻了小槽的边来划动，螺旋桨就会慢慢地停下来，接着朝反方向转动了。真的是很奇妙的一件事情。

你们知道这是为什么吗？

两根筷子在摩擦的时候，由于那些小槽，筷子会发生振动，而振动的时候，筷子并不是像一根弹簧一样来回振动，它振动的轨迹其实是一个椭圆，而且大头针和螺旋桨也没有完全固定起来，大头针在做椭圆运动的时候会产生离心力，这种离心力就让螺旋桨转动了起来。换了另一条边之后，筷子的振动方向就相反了，所以螺旋桨转动的方向也会发生变化。

人工造彩虹

　　夏天的雨后，晴朗的天空中常常会出现一弯五颜六色的彩虹，十分好看。彩虹是怎么形成的呢？在下过大雨之后，空气中还会残留着许多的小水珠，太阳照射进来的时候，就会穿过这些小水珠，在穿过小水珠的时候，太阳光发生了折射和反射的现象，而在我们眼前就变成了美丽的彩虹。既然是光的折射和反射形成了彩虹，那我们自己可不可以利用这个原理来制造一条彩虹呢？答案是肯定的。

　　我们有两个办法可以自己制造彩虹。

　　第一种办法是找一个有太阳光的地方，面朝阳光站着，拿着一把喷水壶向自己的前方喷水。如果没有喷水壶的话，就找一个塑料瓶子，在上面戳上许多密集的小洞，这就是一个简易的喷水壶。当我们开始喷水的时候，我们就会在水珠的上方看到一小段彩虹。

第二种方法就要用到透明的玻璃杯。拿一只透明的玻璃杯，杯子最好是没有颜色的。在杯子里装上半杯水，把装有水的杯子放到一张白色的纸上面，因为白色的纸方便我们观察到彩虹。我们站在有阳光的窗户旁边，拿一面小镜子来反射阳光，让镜子反射出的太阳光能够照射到杯子上，利用镜子来调整阳光照在杯子上的角度。当角度合适的时候，就可以看到白色的纸上出现五彩的圆弧，这也是彩虹的一种。

小朋友们可以自己在家里试一试哦！

你知道吗？

彩虹的明显程度

彩虹是由一个一个的小水滴形成的，这些小水滴的体积大一些，彩虹的颜色看着就深一些，小水滴体积小一些，彩虹的颜色看着就浅一些。

奇妙的双彩虹

有的时候，天空中会很神奇地出现两道彩虹。除了主要的彩虹之外，外面还会出现一道副虹。彩虹是由小水滴形成的，当小水滴经过了两次反射，阳光照射的时候拐了两道弯，所以就会出现两道彩虹。如果水滴内的光线只有一次反射，那么我们就只能看到一道彩虹了。

怎么来净化水呢?

有的时候从自来水管里出来的水里面会有一些悬浮物，我们把水装到瓶子里，把它放到一边沉淀一下，我们就会在瓶子的底部发现一些细小的沉淀物。怎么样才能去掉这些沉淀物，净化我们的水呢?

这个时候，我们需要一样东西，这个东西就是明矾，也叫白矾，它还有一个学名叫作十二水合硫酸铝钾。它是一种能够净化水的东西。我们先用透明的玻璃杯子装

一杯浑浊的水，然后再把十二水合硫酸铝钾研磨成小粉末撒在水里，搅拌一会儿之后，你就会发现，水杯里的水变得清澈透明了。

原来，撒到水里的明矾能够把水里的那些脏东西"抓"住，然后沉到水底，我们只要使用上面没有脏东西的水就可以了。明矾为什么有"抓"住脏东西的本领呢？

首先，水里的那些脏东西都是一些细小的灰尘，这些灰尘因为重量很轻，就会在水里漂浮着。这些灰尘在水里的时候，性质也会发生一些小的变化，它能够吸引水里面的带电小颗粒。灰尘吸附了这些小颗粒之后，自己也就变成一种带电的粒子。这些粒子往往都带有负电荷。根据同种电荷相互排斥的原理，这些粒子会相互分开。

当明矾加入水中的时候，明矾就会在水里发生一种分解反应，它

会分解成两种物质，这两种物质是什么不重要，重要的是，分解之后的两种物质之中的一种带有正电荷，这样，带正电荷的物质就会把周围的带负电荷的灰尘都吸引过来，这个时候就开始了"滚雪球"运动。越来越多的负电荷灰尘被吸引了过来，大家抱成了一团，重量就开始增加，明矾就这样把水里的灰尘都吸引过来，还让它们沉到了水底。这样，水里的灰尘就都没有了，我们就可以安心地使用净化后的水了。

不过使用的时候要小心，不要又把沉在水底的物质给搅动起来，这样我们的力气就白费了哦。

数码相机为什么可以不用调焦距呢?

在没有数码相机之前，普通的相机需要利用调整胶卷和镜头之间的距离来获得清晰的照片，那么我们就首先通过一个小实验来了解一下相机到底是怎样工作的。

这是一个很简单的光学小实验。这个实验需要准备一根蜡烛，两块白色的硬纸板，在其中的一块硬纸板中间用妈妈的缝衣针戳出一个小洞，然后把这块有洞的纸板放在另外那个纸板和蜡烛之间，慢慢调整中间纸板的位置，另外一块纸板上会出现蜡烛的倒影。在这个实验当中，那个有洞的纸板就相当于是照相机的镜头，另一块白色硬纸板就相当于是底片。

而在真正的照相机里，那个小洞没有了，取而代之的是一个凸透镜。凸透镜的作用和小孔是一样的，能够让光线集中起来，而且，凸

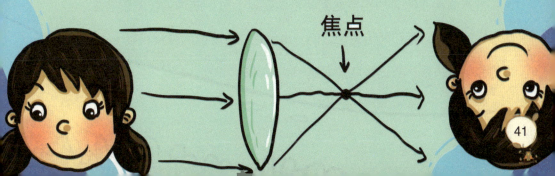

焦点

透镜接收光线的范围更广。爷爷奶奶们戴的老花眼镜就是凸透镜。我们把爷爷奶奶的老花眼镜拿过来，换掉上个实验中带孔洞的纸板。然后我们再重复上面的实验。我们要使外面的光线能够照到老花镜上，这个时候，后面的纸板上并没有什么图案，只有一团光圈，我们慢慢地前后调整光圈的位置，就会在一个特殊的位置看到纸板上出现了清晰的倒立着的图案，这个就是照相机的原理。

其实，凸透镜有一个小特点，它能够将光线集中折射在它后面的一个点，那里的光线会最强，这个点就叫作凸透镜的焦点，焦点和凸透镜之间的距离就叫作焦距。然后我们找两个不同距离的目标，来做凸透镜成像的实验，就会发现，远一点的景物成像的位置和近一点的景物成像的位置是不一样的，这就是为什么我们用照相机时要调整镜头和胶卷之间的距离了。小朋友们现在知道了吗？调整镜头和胶卷之间的距离是为了获得更加清晰的照片。

科学家们在进行了这些实验之后，发现距离凸透镜远一些的物体形成的像会离焦点近一些，而当物体慢慢靠近凸透镜的时候，像则会相对应远离凸透镜。科学家们用无数次的实验得出了一个精确的结论：当物体和凸透镜的距离达到两倍焦距以上时，成像的位置就会在凸透镜后一倍焦距和两倍焦距之间。也就是说，成像的位置和镜头的焦距有关系。凸透镜的焦距越小，成像的位置就会离凸透镜更近，调整起来也就越方便。

　　现在，我们来了解一下为什么数码相机不用调焦吧：这是因为数码相机的镜头焦距比较小，像所处在的位置也就不会有很大的变化，这样，就算很远的物体在不调整焦距的情况下也一样可以形成比较清楚的像，这就是数码相机不用自己调焦的重要原因了。当然，在它的设计里面还有一些独到的地方。

　　数码相机的设计使用起来非常方便，但同时也会带来一些性能上面的损失。数码相机在一些很近的距离或者是很远的距离的拍摄上就显得力不从心了，所以专业的摄影记者都会选择一些能够调整焦距的相机来进行更加专业的拍摄，这些相机可以利用各种各样的镜头来适应各种各样的场合。

磁铁跟着陀螺转

大家小时候一定都玩过陀螺吧，如果在陀螺上画些好看的图案，当它转动的时候就会在上面出现五颜六色的花纹。那么陀螺还有没有其他的玩法呢？下面就让我们来做一个磁铁和陀螺一起玩的实验吧！

先准备一块铝片，把它剪成陀螺一般大小，然后把它固定在陀螺的顶部，就如同给陀螺戴上一顶铝制的帽子。我们先让陀螺在地面上转动起来，再拿出一块马蹄形状的磁铁；用绳子把这块磁铁吊起来，使马蹄形磁铁的两个脚和陀螺的表面保持平行，但是又要保持一定的距离。这个时候，磁铁往往会和陀螺一起转动。我们如果将磁铁固定住，禁止它随着陀螺转动，过一会儿，陀螺也会跟着停下来。这个实验中，如果能保证磁铁可以转动得足够快，也可以用它来带动陀螺转动。

其实，在我们每家的电表里，都有这样的一对小玩意。当我们家里用电时，电流的活动所产生磁场就会带动里面的磁铁转动，而磁铁又会带动与它平行的铝片的转动，铝片上面有标记数字，人们就是用这种方法来计算我们用了多少电的。

你知道吗？

儿童的玩具——陀螺

陀螺的形状有点像海里的海螺，但是它的表面是光滑的。大部分的陀螺都是用木头制成的，在陀螺的底部还有一个铁尖，能够让陀螺转动的时候站立起来。玩陀螺的时候，先用绳子把陀螺缠好，然后用力甩出去，陀螺就会因为绳子给它的力而开始转动。还有的陀螺是用铁制成，里面还有小机械。

中国是陀螺的故乡

早在四五千年前，中国就有了陀螺。陀螺一直都是我们小朋友们最喜欢的玩具。很多地方直到现在还有陀螺比赛，看谁的陀螺转的时间长，样子好看。

奇异的"烧摆"

大家知道什么是钟摆吗？有一种钟的下方，摆动着一个巨大的钟摆，钟摆来回运动的同时也可以给钟提供动力。大部分钟里的钟摆都是单摆，还有一部分钟里有两个连在一起的双摆。那么，大家知不知道什么是"烧摆"呢？

从字面上来看，烧摆的意思就是能够通过燃烧来实现摆动，不过事实真的是这样吗？我们还是用实验来说明吧。

首先我们需要准备一根很细的铜丝和一枚回形针，再用铜丝把回形针吊在一个铁支架上，然后我们还需要在旁边放一个支架。我们在后一个支架上固定一个条形的磁铁，并调整一下支架的高度，保证这个磁条和回形针是在同一高度上。一切准备妥当之后，慢慢地移动两个支架，使磁铁和回形针不断地靠近，回形针会因为磁铁的不断靠近而受到磁铁的吸引力，从而慢慢地靠近磁铁。在保证磁铁没有和回形针相接触的时候，我们要停止移动，回形针会因为受到磁铁的吸引而离开原来的位置，一直保持被吸引的状态。

这时，我们拿出一根蜡烛，放在回形针下面，并点燃蜡烛，使蜡烛的火焰正好能够烧到回形针。就这样持续加热回形针一段时间后，大家就会看到，回形针竟然左右摆动了起来，就像钟摆一样，连旁边的磁铁都没有办法吸引它了。每当回形针摆到远离磁铁的最高点时，又会因重力的作用重新地摆回来，在经过了火焰的炙烤之后，又会远离磁铁，就这样保持不停地钟摆运动。

这究竟是怎么回事呢？奥妙就在于加热的这个环节。回形针因为受到磁铁的吸引而导致靠近磁铁的一端被磁化了，同时另一端又产生了与磁铁相反的磁性，磁性有异性相吸的性质，所以回形针就被吸过去了。这时我们在回形针下面放上燃烧着的蜡烛，经过燃烧的回形针，磁性就会消失，就不能和磁铁相互吸引，它就会回到原来的位置。而与此同时回形针也离开了火焰，然后磁铁的吸引力又重新产生了，回形针就会又一次地被吸引过去，在经过火焰之后，磁性又消失了，就又掉了回去。如此循环

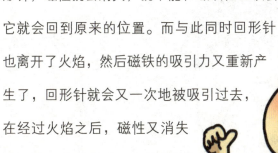

往复，不断摆动。在这个吸引和掉落的过程当中，回形针因为是在做钟摆运动，所以这种摆动就叫作烧摆。

其实，不仅仅是被磁化了的回形针怕加热，磁铁自己也害怕被加热。因为加热后的磁铁，磁性会大大减弱。磁铁之所以有吸引力，就是因为它内部有许许多多朝一个方向用力的磁性分子，而加热或者是剧烈的敲击，会导致这些磁性分子东倒西歪，无法将力气使到一起去，磁性自然就减弱了。要是最后所有的磁性分子都分散开了，这块磁铁也就和普通的石头无异了。

那么，我们可不可以将这个过程反过来，通过加热或者是敲击来强化磁性或使没有磁性的东西具备磁性？许多科学家认为，这种方法是可行的。实验证明，一些材料在被磁化的过程当中，如果加入一些外部力量，就会使磁化的过程更好。我们准备四根长度相等的小铁皮，放到同一块磁铁的同一极上接受磁化。

过一段时间之后，我们拿出中间的两块铁皮，让其中的一块继续和磁铁相连接，同时用小锤子敲打一会儿铁皮，然后我们把这两块铁

皮丢到装满铁钉的盒子里去，再把铁皮拿起来的时候，就会看到上面吸满铁钉，而那个经过敲打的铁皮吸的铁钉明显多一些。这就说明经过敲打后，铁皮的磁性会加强一些。

我们再拿出剩下的两块铁皮，把其中的一块和磁铁一起加热，另外一块则不加热。加热一分钟之后，也把它们丢到装满铁钉的盒子里去，拿出来之后，加热过的铁皮明显要比没有加热的吸引起来的铁钉多。

这是因为，在敲击和加热铁皮的过程中，磁性分子会变得更加松动、活泼，从而容易被另外的磁性分子所影响，排成更为整齐的队列，因此产生的磁性也就更加强烈。这就是为什么同样是加热，回形针失去了磁性，而铁皮的磁性却有所增强。大家不妨动手去试一试哦，非常有趣。

电话机上也有仿生学

小朋友们，我们都知道，大自然是我们的好朋友，我们应该和它和谐相处。其实，大自然也是我们的老师，我们能够通过大自然学到一些非常有用的东西，而这些向大自然学习的学问，我们把它叫作仿生学。你能举出一些仿生学的例子吗？飞机的翅膀、迷彩服等都是利用仿生学的知识制造的，可是，你们知道电话听筒和电话连接的那段电话线也是仿生学的产物吗？

平时大概我们都没有注意，这段电话线是扭曲着的，我们可以把听筒拿远一点，这个线也不会脱落，你们留意过这个线是怎么样卷曲的吗？我们顺着一头开始慢慢地摸，电话线一直是朝着一个方向卷，到了中间的时候，出现了一个转折，在那个地方，电话线卷曲的方向发生了改变，它开始向另外一个方向卷曲。为什么会在中间出现一个转折点呢？

在最开始发明者发明这个电话的时候，是利用卷曲的线来减少电话线的长度，但是从一个方向旋转的话会让这条线承受的拉力过大，线总是莫名其妙地就断了。人们想了很多的办法都没有解决这个问题。

一次，一个设计师到乡下去探望自己的亲戚，那个亲戚在自己家的院子里种了一些丝瓜，这个丝瓜的藤蔓也是像电话线一样弯曲在一起的，设计师用手扭动了一下那个藤蔓，发现很结实，并不会因为扭动而断掉。他仔细地观察了一下丝瓜藤的旋转方式，他发现，丝瓜的藤在一开始的时候是朝一个方向旋转的，但是到了一个特殊的位置后，它会换一个方

向，开始朝反方向旋转，旋转好的藤蔓能够抓住支架，其他的枝叶也能够顺利地生长，不会因为吹动扭曲而影响其他的枝叶。

设计师由此受到了启发，丝瓜藤可以改变方向来保证整个植株的稳定，那电话线也应该可以，所以就有了中间有转折点的电话线。

其实地球上还有许多生物有着很多奇特的构造，这些构造都是值得我们学习的。根据蝙蝠的超声波，我们发明了雷达，萤火虫发光的尾巴启发我们发明了冷光灯，我们还会从大自然中学到更多的东西。

能自动推进的小船

大家自制过能吹出泡泡的肥皂水吗？我们用一个塑料环蘸点肥皂水，然后用嘴一吹，就可以吹出许许多多的小泡泡。这些小泡泡可以在空中飘动，但是用手轻轻一碰就破了。如果我们拿一根铁丝，圈成一个圈，把铁丝圈放到肥皂水里搅拌几下，让水里产生许多的泡泡，然后再拿出铁丝圈，这时铁丝圈上就会有一层肥皂水的薄膜。即使我们用尖锐的细针去戳一下这层薄膜，它也不会像泡泡那样消失，可是如果我们把大头针的尖端放到火上烧一会儿，再来戳这个薄膜，薄膜就会破了。

为什么这个薄膜在开始的时候不会被戳破，而后来却又破了呢？原来，液体的每个水分子之间都有一种吸引力，这种吸引力就是所谓的表面张力，这种表面张力可以使水珠在一些平滑的表面上维持圆滚滚的模样。然而，这种张力的强弱是受温度的变化所影响的，当温度降低的时候，张力就会变大；当温度升高时，张力也就会随之变小，换句话说就是水分子之间的吸引力变小了。当我们用加热后的针去戳那个薄膜时，温度会使得薄膜与针尖接触的位置张力变小，水分子之间无法彼此牢牢吸引，薄膜就破了。大家可不要小看了这种张力，这种张力看上去不起眼，但它却可以推动小船前进，快点来看看究竟吧!

　　第一个实验所推动的是纸船。我们先用纸折一只小船，在船尾我们要事先安装一根经过特殊处理的棉线。我们点燃一根蜡烛，然后将融化了的蜡油滴在棉线上，直到棉线上浸满蜡油，可以被燃烧为止。我们再把这根浸满油的棉线用蜡油固定到船尾，注意要保证这根棉线垂下去一点，并且和水面之间维持一定的角度，这样才能在棉线点燃的时候和水面保持一定的角度。一切就绪之后，我们把小纸船放到水里面，点燃棉线，就会看到这只船拖着一条着了火的尾巴在水面上行驶了。

　　第二个实验所推动的是泡沫船。这种白色的泡沫通常在装大型电器的箱子里都有，我们可以切下一小块放到水里当船体。再在船尾的底部插上一根针，确保针一定要在水面上露出一部分。然后再切一小块肥皂，这块肥皂是这次试验不可缺少的物品。把切好的肥皂插到船底的针上面，最后把小船放到水里，这样在肥皂完全融化之前，小船就会一直行驶了。

你知道吗？

船舶的推进方式

有的船舶是靠人力推进的，比如在岸上拉纤、在船上划桨等；有的船舶是挂着风帆的帆船，可以靠风力前进；还有的船舶是机械推进的，船舶内安装了螺旋桨等设备。

船舶航行的状态

船舶的航行方式也不相同，有的是在水面浮行，有的依靠水力滑行，还有的能腾空航行。浮行是最普通的方式，借助水的浮力，船舶漂浮在水面上慢慢行驶；滑行需要船舶的行驶达到一定的速度，整个船基本上都被水抬起来了，船底和水面接触；腾空航行的时候，船舶已经离开水面了，比如气垫船等。

你知道种子萌发需要什么条件吗？

我们都知道，一粒种子掉到了土壤里，吸收了养分之后会慢慢地成长，那么种子萌发到底需要哪些合适的条件呢？

我们用能够快速发芽的豆子来做实验。用三个杯子分别装上10粒豆子，这10粒豆子最好要大小差不多，把它们分别标为A，B，C号。我们在A杯中什么都不加，在B杯中倒满水，将所有的豆子都盖住，在C杯中倒半杯水，让豆子有一部分能够接触到空气。然后把三个杯子放到温暖的地方保存。最后，只有C杯里的豆子能够发芽。这就说明，种子发芽需要水分和空气。

那么种子发芽还需不需要其他的条件呢？我们还是用豆子来做实验，找两个盘子，在盘子里洒上水，

在水里还是放一些豆子，唯一有些区别的就是，在一个盘子上加一个盖子，而另外一个则暴露在阳光里面。等到一个星期之后，我们会发现，这两个盘子里的豆子都发芽了。这个结果就证明了种子发芽并不需要阳光。种子发芽所需要的养分都储存在种子自身。不过科学家后来又发现，种子发芽的时候如果能够接受阳光的沐浴，种子萌发出的芽就会更加健壮一些。种子的自身特点决定了种子日后的成长过程。种子一般来说会有三个部分组成：保护自己的盔甲——种皮，可以发育成叶子、根的胚，还有储存着种子养料的胚乳。不过不是所有的种子都拥有这几个部分，有的成熟的种子就只有种皮和胚。

种子的结构

我们常见的种子，一般都是由种皮、胚和胚乳三个部分构成的，但是也有些植物成熟的种子只包含种皮和胚两部分。种皮就像是种子的铠甲一样，保护着种子不被外界所伤害。而胚是种子最重要的部分，是种子生命的起源，可以发育成植物的根、茎和叶。胚乳则是种子的养料"储存站"，不同的植物，胚乳中所含养分也各不相同。

种子的休眠期

不同的种子，是否需要休眠的情况也是不一样的。有的植物种子一定要经过休眠期，必须饱饱地睡上一觉才能有足够力气生长；也有一些植物的种子，只要是在适宜的环境条件下就能很快萌发，它们一般不需要休眠，除非周围环境条件非常不利于它们生长，才会被迫进入休眠状态。

种子的休眠期也是根据各自种类的不同，而有长有短。有的种子需要很长的休眠时间，它们一睡便是几周、几个月甚至是几年。而有的种子成熟后，在合适的外部条件下只需短短的休眠，便可以破土而出，延续新生了。

"疯疯癫癫"的樟脑丸

　　樟脑丸大家一定都见过。在家里的柜子里面，妈妈总会放几个在那里，防止蛀虫来捣乱。樟脑丸的气味刺鼻，颜色通常是白色的，人们常常用它来保持柜子的卫生，所以它还有个别名叫做卫生球。樟脑丸里的成分是从樟树里面提取的，樟树有驱虫的作用，夏天我们坐在樟树底下，小虫子们就不敢过来了。在抽屉里我们也可以放几个樟脑丸来防止蟑螂过来"串门"。可是，小朋友们有没有利用樟脑丸来做过实验呢？

　　我们先在厨房里找一点醋，把它倒在一个杯子里，然后往杯子里加一点做馒头用的小苏打，最后倒水让这些东西在杯子里溶化，准备好这些东西之后，我们就到抽屉里拿一个樟脑丸扔到杯子里，然后我们在一旁仔细地观察。

　　刚开始樟脑丸没有什么反应，在水底一动也不动，渐渐地，它好像苏醒了一样，开始在水里上蹿下跳，好像有什么东西在追赶它一样。为什么樟脑丸会突然"发狂"呢？

原来加到水里的醋和小苏打会生成二氧化碳，二氧化碳会以小气泡的形式地慢慢从水里跑出来，遇到樟脑丸之后，小气泡会黏在樟脑丸上面，樟脑丸上面附着的气泡多了就会被气泡拉着一起上升。二氧化碳比水要轻，所以上升得很快。在樟脑丸升到水面的时候，小气泡们都破了，二氧化碳都跑到了空气里，没有东西能够让樟脑丸浮起来了，所以樟脑丸就又掉下去了，掉下去之后小气泡又会把樟脑丸带上来。就这样，小气泡带着樟脑丸不停地这样两头奔波，所以不是樟脑丸"发狂"了，而是二氧化碳在捣乱。

在柜子里的樟脑丸还有一个特殊本领，它会"不翼而飞"！在柜子里放了樟脑丸，等过一段时间之后，我们再去看时就会发现樟脑丸不见了，原来是樟脑丸在柜子里慢慢地变成气体挥发掉了。在化学里，我们把固体直接变成气体挥发的现象叫作"升华"。

夜光粉放出的奇异射线

夜光粉在我们的生活里随处可见，我们手表的指针上也常常会带有这种物质，以便让我们在黑暗中也能够看清楚时间。如果在衣服上也装饰这种物质，就会使衣服在夜晚看上去格外的神秘而美丽。下面就让我们来见识一下夜光粉的神奇吧！

在这个实验中，我们会用到一块涂有夜光粉的手表。首先我们要在一个没有亮光的房间里，用剪刀剪下一截大约两三厘米长的没有用过的胶卷。然后用包装胶卷的专用纸把这一截胶卷包好，不要让它碰触到光。然后我们把这个包好的胶卷拿到我们的书房或卧室，将一枚回形针放在包好的胶卷上面，再将我们的夜光手表表面朝下将回形针压在它与胶卷之间，以这样的状态放上三天。

三天之后，我们可以收起手表，并让爸爸妈妈帮忙将那截被压住的胶卷洗出来，然后我们就会在洗好的胶片上看到回形针的样子。究竟是什么东西给回形针照了相呢？难道是手表？可是手表怎么能够照相呢？其实，秘密就在于手表指针上的夜光粉。

　　普通的相机可以使自然的光线穿过镜头，胶片感光就会形成图像，而我们用来包胶卷的纸可以阻止光照射到胶卷上。然而夜光粉却能放射出一些这种纸无法阻挡的微粒，正是这些神奇的微粒导致里面的胶片感光，最终形成了回形针的影像。其实这个实验最开始并不是科学家们有意为之的，只是在无意之中发现包好的胶卷竟然离奇地被曝光了，但是周围并没有别的东西，只有一些荧光粉，这样科学家们就将视线锁定在了这些荧光粉上，最终发现它能够放射出微粒的秘密。

　　也是因为这些神奇的微粒，夜光粉才能够发光的哦！原来啊，这些微粒被放射出来之后会和空气中的其他物质发生猛烈碰撞，就像两把刀碰撞之后会迸发出火花一样，微粒的碰撞也会产生一些闪光，因

为这种碰撞是持续发生的，所以夜光粉就好像一直在闪光一样。

我们要是在一个黑暗的房间里，用高倍数放大镜仔细地观察夜光粉，就会看到那些细小的闪光，它们就好像人们过年时放的焰火一样，只不过这种焰火是一直燃放的，不管什么时候它都不会停止。

那么我们在黑暗里还能够看到的夜光手表，是不是就是夜光粉在自己发光呢？其实夜光粉本身并不能发光，只不过它是一个储存光的好手。将夜光粉放在阳光下或是灯光下照射一段时间，它就会储存足够的光源，到了晚上它就会发出幽幽的光芒。如果长时间不补充光源，夜光粉就会失去光亮，只有再次补充光能之后才能再现光彩。

在漆黑的夜晚，家里黑乎乎的一片，我们由于摸不到开关，经常会磕磕碰碰，甚至摔倒。这个时候，人们就发明了夜光门把手和夜光开关，它们就像是忠诚的小卫士一样，在晚上坚守自己的岗位，为人们指明方向。在航天工业里，一些仪表盘的特殊零件上也都涂有夜光粉，以方便人们的使用和检修。

自己动手制作"防火布"

在电视里，我们经常看见消防员叔叔从火里冲出来，救出被围困在火里的人们。普通的衣服一遇到火就会烧起来，而消防员叔叔的衣服却在火里安然无恙，难道他们的衣服是由什么特殊的材料制成的？没错，他们的衣服是由一种防火材料做成的，接下来，我们在实验室里也尝试下，看能不能自己做出一块能够防火的布来。

我们需要准备的就是一些氯化铵的溶液，我们把普通的棉布放到氯化铵溶液中浸泡一会儿，让棉布充分吸收氯化铵之后，把它从溶液里捞起来，用吹风机把它吹干，这样防火布就制作好了。我们用酒精灯来烧一下这个布，发现这个棉布不仅没有被点着，还"哧"的一下冒出许多白烟。

其实，这块处理过的棉布上面已经布满了氯化铵的晶体，我们烘干布的时候也就顺便把液体的氯化铵变成了固体状态。而氯化铵很怕热，在遇到高热量之后，它就会分解成两种气体，一种是氨气，一种是氯化氢。当火烧到棉布的时候，产生的这两种气体会把棉布包裹起来，让棉布接触不到空气，没有了空气里氧气的支持，棉布就不能燃烧了，这就是为什么棉布不会烧起来的原因。氯化铵不仅能够制作防火布，在船厂、剧院里，人们还经常用这种物质来处理一些易燃的东西，防止发生火灾。

其实在工业上应用的防火布并不是我们实验当中制作的那种，工业的防火材料大部分使用的是一种涂抹了特殊材料的布料，比如说涂抹了硅橡胶，涂抹了玻璃纤维，这些布的实际效果要比我们制作的那种要好。

防火布同时也是一种很好的绝缘体，所以在一些需要阻隔电流的地方会用到防火布。炼油厂、化工厂等地方，是火灾的多发地点，所以一些重要的设施上面，会使用防火布。还有一些工厂的生产线上，有一些高温工作的机器，普通的布料在那里很容易燃烧，所以也要用到防火布料。

哈勃瓶的有趣表演

在美国，每个中学的物理实验室里都有一个做实验用的仪器，它是一个大的烧瓶，不过它的脖子比较短，它有一个大大的身子，在底部还有一个瓶塞。这个烧瓶的瓶口还挂着一个气球，这个气球是朝里面挂着的，当我们把气球吹起来的时候，鼓起来的气球就在烧瓶里面了，这个仪器就是美国的"哈勃瓶"。

这个瓶子是以著名的天文学家哈勃的名字命名的。美国天文学家哈勃是现代最伟大的天文学家之一，他的发现让我们知道了宇宙也不是静止不动的。在美国，还有以哈勃命名的外太空天文望远镜。

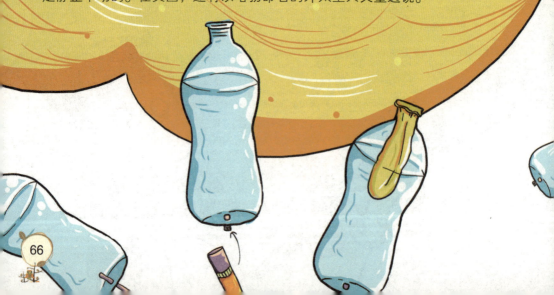

如果在我们的实验室里没有这种仪器的话，我们可以自己来做一个。首先呢，要准备一个塑料的饮料瓶，最好是最大容量的那种，用铅笔在底部做一个记号，就在这个记号的位置用烧红的小刀来挖出一个小孔，小孔挖得越圆越好。再把你的橡皮切成一个瓶塞，能够正好堵住你刚才挖出的小孔。最后把一个气球塞进瓶口，让气球的吹气口卷过来，把瓶口盖住。这样，一个自制的哈勃瓶就完成了。

那么哈勃瓶能够做哪些有趣的实验呢？

首先，我们来进行一场比赛，看谁吹的气球大。让几个小朋友分别来吹气球，这个时候哈勃瓶的底部是被橡皮塞住的，我们来看一看，哪个小朋友吹的气球更大。结果每个人都吹得一样大，因为谁也没有能够把气球吹起来。而当我们把底部的橡皮去掉的时候，气球就又可以被吹大了。

我们拿着吹大的气球再来做接下来的实验。吹好了气球之后，先不要松开，先把瓶子底部的橡皮塞上，堵住瓶底的小洞。再松开气球的时候，气球竟然没有瘪，仍然保持了吹起时的模样。如果你觉得有东西堵在瓶口，

你可以用根筷子戳到气球里面看一看瓶口到底有没有被东西堵住。

可是在平时，我们要是不把气球扎起来，气球就会"哧"的一声瘪掉，里面所有的空气都会跑掉，那为什么这个时候气球能够在不封口的情况下保持吹起来的状态呢？别急，我们先把实验做完。

气球的口没有被封住，但是气球依旧保持着吹起来的状态，我们现在就顺着气球的口往里面倒水，一直把气球灌满。当气球灌满了之后，再把瓶子的橡皮拿掉，这个时候气球里的水像是开始增多了一样开始漫出来；接着，气球里的水开始像喷泉一样的喷出来，并且会越喷越高。我们还可以做一个对比，拿一个相同大小的气球，不把它放

到瓶子里，然后灌满水，而这个气球却不会出现喷水景象，这是为什么呢？

如果我们能够找到一个抽气机，我们可以把抽气机的管子连接到瓶子的底部，开始抽气，随着瓶子里的空气越来越少，放在瓶子里的气球竟然慢慢地鼓了起来。

这些奇妙的现象究竟是怎么样实现的呢？

其实，哈勃瓶就是一个利用大气压力而设计出来的瓶子。最开始吹气球堵住瓶子时，瓶子里有空气，它和外部保持压力一致，我们吹气的力敌不过大气压力，所以吹不起气球。而等吹好气球之后再堵住底部，气球也不会瘪掉，也是因为外面的大气压力大于瓶子里的，所以气球不会瘪。在气球里灌水之后，气球里面就没有空气了，拿掉橡皮后，瓶子里面的气压就会作用于气球上，水就被挤了出来。最后一个实验，瓶子里的气压减少，外部的气压就增大，增大的气压就使气球鼓起来了。

看来，大气压力才是哈勃瓶神秘的原因所在，它才是背后的那个"魔术师"。

哈勃瓶

关于叶片的小秘密

我们都知道植物的叶子可以进行光合作用，可以利用光来合成供植物生长的养料。那么叶子还有没有其他的性质呢？比如说叶子会不会呼吸，叶子会不会散发出水分？下面就让我们来做一个实验吧。

我们平时吃的猪油能够保持住水分，所以我们就用猪油来处理我们摘下来的四片叶子，先在叶柄上涂一点猪油。把第一片叶子的上表面涂抹上猪油，把第二片叶子的下表面涂抹上猪油，把第三片叶子正反面都涂抹上猪油，剩下的那片叶子不做处理。我们把这四片叶子用绳子悬挂起来，挂在窗户外面。

三天之后，我们来观察一下这四片叶子。第一片叶子的表面已经变成了黄色，而且显得很干燥；第二片叶子没有什么变化，表面还是绿色的；第三片叶子则一点变化也没有，和树上的叶子没有什么两样；第四片叶子已经枯黄得不成样子了。

这四片叶子说明，叶子也在不停地散发水分，它的下表面是主要散发水分的地方。植物学家把这种现象叫作植物的蒸腾作用。植物体内的水分，通过蒸腾的形式散发到空气里，形成了水蒸气，这个过程就是蒸腾作用，植物能够通过蒸腾作用从土壤里获得水分。同时，蒸腾作用还对我们的环境有好处，植物群通过蒸腾作用产生大量的水蒸气，这种水蒸气能够保持空气的湿润，还能够形成降水，保证气温的平衡。

在玻璃上作画

　　小朋友们，在石头上画出美丽的图案需要一把坚硬的刻刀，因为石头本身质地很硬，只有比它还坚硬的刻刀才能够在石头上留下痕迹。那么在玻璃上面画画需要什么呢？让我来告诉你吧，其实在玻璃上画画我们不需要刻刀，不信的话就来看一看吧！

　　在玻璃上涂上一层熔化后的石蜡，等石蜡冷却下来之后，我们就用一根削尖了的木棒在玻璃上画画。再拿一个蒸发皿，在里面加入适量氟化钙和硫酸，在添加这些药品的时候要注意安全，硫酸可是有腐蚀性的。我们在蒸发皿的周围垫上几个橡皮塞之后，把我们画好的玻

璃放到蒸发皿上，有图案的一面朝下。放好了之后，在蒸发皿下面点燃酒精灯，开始加热蒸发皿。过一会儿，让有图案的地方与蒸发出来的物质充分接触后，把玻璃拿起来，用汽油洗掉上面的石蜡。这个时候，你就会发现你刚刚画的图案已经印到玻璃上去了，用手摸一摸，还有凹进去的感觉，真的像刻上去了。

这把神奇的"刻刀"就是蒸发皿里的两种物质产生的。在加热的环境下，硫酸和氟化钙会生成一种学名叫氟化氢的物质，这种物质不能和石蜡发生反应，但是它能够和玻璃发生反应，它能够慢慢地把玻璃腐蚀掉，就好像它能够吃掉玻璃似的。这种物质产生了之后，就会把没有石蜡保护的玻璃慢慢地"啃"掉一层，这样我们刚刚画的画就"刻"到了玻璃上。人们把这个氟化氢叫作吃玻璃的"刻刀"。氟化氢是一种有剧毒的物质，能够溶

解在水里，并且还有难闻的气味，它能够腐蚀一些金属和玻璃。但是塑料、石蜡等一些东西却能够在它的面前安然无恙。要是不小心吸入了一点点这种物质，就会长一些不容易治疗好的溃疡。所以在做上面的实验的时候我们最好能够戴上防毒面罩，并且做好相应的防护措施，在大人和老师的看护下做这项实验。

虽然这种物质有毒，但它在工业上的应用却是很广泛的。它能够用来加工玻璃，在玻璃上刻上文字或者是图案。它还可以用来去除一些东西表面的污垢，同时它也是一些有机化肥的原料。

身边的"大力士"

在我们的身边，有一个"大力士"，它到底有多大的力气谁也不知道，它是否存在都曾经受到过人们的怀疑。不过现在，没有人能够怀疑它作为"大力士"的地位了，它就是大气压力。在地球上生活的每一个人每时每刻都在承受大气压力，可是为什么平时我们却感受不到大气压力呢？它到底是怎么存在的呢？我们还是用实验来说明吧。

我们需要准备一个空易拉罐。易拉罐还是比较坚硬的，我们需要一定的力气才能把易拉罐捏扁，那么大气压力能不能把它捏扁呢？准备好一盆冷水之后，我们在易拉罐中加入一点点清水，用钳子把易拉罐夹住，放在酒精灯上烧。等到易拉罐里的水快烧干的时候，赶快把易拉罐的开口朝下按到准备好的水盆中，只听见吱吱的声音响起之后，水里的易拉罐就已经瘪了。

是谁把易拉罐给捏扁的呢？在没有加热的时候，易拉罐中有空气，并且和外部的空气是相通的，所以罐内罐外的大气压力是一样大的。我们对易拉罐加热的时候，易拉罐里的水受热蒸发，水蒸气就把罐内的空气都赶跑了，这个时候把易拉罐倒扣到水中，水温会使水蒸气重新变成水，而易拉罐里的空气已经少了，它里面的大气压力就小于外面的压力，所以易拉罐就被"捏"扁了。

这个实验就可以证明大气压力是存在的。这个时候，很多小朋友肯定会更加疑惑，既然易拉罐会被压扁，那么我们为什么感觉不到这种压力的存在呢？

我们人类抵抗这种压力的秘密就在我们的呼吸上，我们在不停地进行着呼吸，我们把空气吸进体内之后，体内就有了空气的存在，这样内外压力的差距就不会太大，同时，我们人类的体内最多的就是水分了，这种环境中的水不能被压缩，所以我们能够抵抗住大气的压力。在一些特殊的情况下，比如说飞机在高空出现故障的时候，飞机里面的压力会减小，这个时候人体的压力就会过大，乘客就会有生命危险。这就是为什么宇航员出仓到宇宙中去的时候要穿宇航服了，宇

航服不光能给宇航员提供氧气，保证体温，同时还能够始终保持宇航员身体周围有一定稳定的气压。

在很久之前，为了证明大气的存在，已经有许多人想出了许多有趣的实验，其中最著名的就是马德堡半球实验。当时的马德堡市长格里克决定进行一个实验来证明大气压力的存在。他和他的助手准备了两个黄铜做的半球，把两个半球灌满水后连在一起，然后把两个半球里的水全部抽出，使球内成为真空。准备好了之后，他让人用了16匹马才把这两个半球分开。

其实液体也像空气一样，对放入其中的物体也有压力。放入液体当中的物体的各个方向都会有压力的存在，但是由于液体的浮力的原因，在这几个面受到的力会不一样，上下的压力很大。

马德堡半球实验

1654年时，当时的马德堡市长奥托·冯·格里克在马德堡市进行了一项科学实验，目的是为了证明大气存在压力。

格里克和助手制作了两个半球，直径14英寸，并请来一大队人马，在市郊做起"大型实验"。实验开始后，十六匹马拼命"拔河"，最后才把抽成真空的半球拉开。

液体也有压力

液体物质对放入它里面的物体也有压力，液体的压强与深度和液体的密度有关；放入液体中的物体，液体对它上、下、左、右的各个面都会有压力。

奇妙的"针孔眼镜"

小朋友们，我们平时见到的眼镜都有两个大大的镜框和镜片，它们可以帮助我们看清楚事物。近视眼镜能够让我们看清楚远方的东西，老花镜能够帮助爷爷奶奶看清近处的东西。其实有一种眼镜不需要镜片也能够让我们看清楚周围的事物，要是不相信的话，就跟我一起来看一看吧。

找两个塑料瓶盖来，用尺子找到它们的中心，在蜡烛上把向妈妈借来的缝衣针烧红，在塑料瓶盖的中心戳出两个小孔，在戳这两个小孔的时候我们一定要注意，针一定要烧红，戳出小孔之后，还要再用针在小孔里来回穿插一下，保证小孔的内壁是光滑的。

我们需要为这两个瓶盖做一个镜框。找来一块泡沫板，把泡沫板切成一个长条状，大概估算一下我们两只眼睛之间的距离，把两个瓶盖镶嵌进去。这样，一副塑料眼镜就做好了。

这副塑料眼镜在戴之前还需要调整一下，我们用手举着这副眼镜放在眼前，调整一下眼睛和眼镜之间的距离，找到一个能够轻松看清楚东西的距离，这副眼镜才能算是完成了。通过这副眼镜，我们也能够看到远处的事物，更加神奇的是，不管你是近视眼，还是老花眼，只要你用这副眼镜看东西，就绝对能够看得清楚。

这就是利用了小孔成像的原理，当光线通过小孔之后，会把光源那里的图像也带过去，在光屏上形成图像。近视眼看不清楚图像就是因为图像不是在视网膜上，通过小孔的像一定是在视网膜上成像的，所以近视眼也能通过这个眼镜来看清楚周围的事物了。

我们还可以来做一个小孔成像的实验，我们需要准备一根蜡烛，两块白色的硬纸板。在其中的一块硬纸板中间戳出一个小洞，然后把这块有洞的纸板放在另外那个纸板和蜡烛之间，慢慢调整中间纸板的位置，你就会发现在另外一块纸板上会出现蜡烛的倒影。值得我们骄傲的是，世界上的第一次小孔成像的实验是在中国完成的呢！

气垫 "大力士"

　　小朋友们，现在我们来做一个小实验，拿两个杯子出来摞在一起，杯子的形状要求上大下小。把上面一个杯子轻轻提起，这时对着两个杯子中间的空隙吹气，你会发现上面那个杯子有向上跳的趋势。所以要紧紧握着拿着玻璃杯的手。

　　如果在杯子中间放进一个回形针，两个杯子间就有空隙了。这个时候不用把杯子提起来，直接对着看空隙吹气。你会发现，上面那个杯子会真的一下子跳起来。这是怎么回事呢？

　　其实道理很简单，你吹进去的空气进入了杯子中间，一下子不能全跑出来，空气就在那里压缩了，形成了一层气垫。如果接着吹气，气垫层会越来越厚，当达到一个程度的时候就会把上面的杯子推动起来，所以杯子会跳出来。

能够"腾空"的气垫船

气垫船还有一个名字,叫作"腾空船",听起来好像是科幻世界里的交通工具,其实仅仅由于它是一种被空气托起的船只。气垫一般形成于持续不断供应的低压气体。气垫船可不只能够在水上行走,它还可以在一些比较平滑的陆面上行驶。气垫船在行驶时,由于船身可以升离水面,因此船体受到的阻力大大减少,以致行驶速度要比同样功率的船只快得多。

气垫船的优良特性

它有航速快,声场、磁场、压力场小,隐蔽性好,适应性强等优良特性,尤其适于在登陆作战中作为登陆输送工具使用。

家里的喷泉

我们在许多广场上都可以见到美丽的喷泉，有的还会在喷泉下面安装上好看的彩灯，让喷泉看上去五颜六色的；有的还会给喷泉配上音乐，让喷泉随着音乐的节奏来喷发。小朋友，你们有没有想过要在家里制造个小喷泉呢？让我们一起来试一试吧。

要喷泉就需要有水，这时候我们要借助水龙头。把水龙头用一根橡皮管接起来，为防止漏水需要用铁丝紧紧围着橡皮管缠绕几圈。把橡皮管的另一端朝上，当打开水龙头的时候，我们发现水并没有向上喷出来，这是因为橡皮管开口太大。这个时候需要在橡皮管的出水口安装一个尖嘴的塑料管，让水的出口变小一些，再打开水龙头，我们就能看到水从尖嘴喷出来了。

不过这个时候喷出来的水是合在一起的，并没有像喷泉那样分散开，我们需要再改良一下。用文具盒里的塑料尺子对着平时穿的羊毛衫使劲摩擦一会儿，然后把塑料尺子靠近向上喷的水柱。神奇的现象出现了，水柱开始分散开来，就像我们看到的喷泉那样漂亮。

前面的步骤相信小朋友都知道是为什么，那后面的直尺为什么会让水散开呢？这是因为摩擦生电的原理，摩擦后的尺子上带着正电荷，当靠近水柱的时候把电传给了水。这些小水柱就会带上相同的正电荷，所以会互相排斥，向四周扩散开，就形成了一个小小的喷泉。

喷泉本来是一种用来观赏的景观，但是现在，喷泉又被赋予了新的使命。喷泉能够增加空气的湿度，同时喷泉产生的小水珠还能够吸附周围的灰尘，让空气变得更加洁净。漂亮的喷泉再加上良好的环境，人们在欣赏喷泉的同时还能够享受到美好的生活，真的是一举两得的好事。

世界第一喷泉在澳大利亚首都旁边的一个湖边。澳大利亚是被一个叫作库克的船长发现的，为了纪念这个船长，喷泉的名字就叫作"库克船长纪念喷泉"。这个喷泉最高能够喷到150米的高度，目前世界上没有什么喷泉能够超过它，以后有没有能够超过它的，让我们拭目以待吧！

欺骗眼睛的实验

我们总能听到爸爸妈妈说"眼见为实，耳听为虚"，意思就是说我们听到的不一定都真实，而需要我们亲自去看才能够获得真相。那么眼睛看到的就一定是真的吗？我们现在就来做一个欺骗眼睛的实验吧。

我们家里都会有电视机，这个实验就是需要在电视机前面完成的。我们先把 家里所有的灯都关掉，只把电视机开着，然后伸出我们的手，在电视机前面使劲地来回晃动，在晃动的过程中，我们会发现一个神奇的现象：我们的手指变多了。保持手晃动的状态，稍微地数一下，我们的手指可能变成了6根，也有可能变成8根，当我们加快手掌的晃动速度的话，我们看到的手指就会变得更多。

　　这个实验不仅仅能够让我们的手指"变多"，我们拿一根筷子在电视机前面使劲地晃动，筷子也出现了许多根。如果我们能够在离日光灯近一点的位置做这个实验的话，效果就会更好了。那么这个实验是不是只要是在有光的地方来做就都可以出现这种情况呢？不是的，在白炽灯和阳光下就不会出现这样的实验结果。

　　这其中的秘密就在于灯光上，日光灯和电视机发出的光其实都是闪烁着的，因为我们的眼睛有一个视觉暂留的功能，消失的物体不会马上在我们眼里消失，所以我们会看到连续的画面，而这些光闪耀的速度太快，我

们就感觉不到它们在闪烁了。当我们的手指在摇动的时候，会跟上灯闪烁的节奏，灭的时候看不见手指，亮的时候看见了，而眼睛的视觉暂留让这些景象都留在了眼睛里，所以我们会看到许多的手指。看来眼睛看到的有时候还不一定是真的。

在刚刚的实验里，其实我们看到的就是自己手指的影子。光在空气中是直线传播的，它不能够穿过不透明的物体，当有物体挡在光源的前面时，物体挡住的地方就没有光的照射，就会和别的地方形成明暗的对比，暗的地方就是我们说的影子。

在中国古代，还有一个关于影子的小故事。一个人到朋友家做客，朋友给了他一杯酒，他拿过来之后发现杯子里有一条"小蛇"，客人喝下酒之后老是觉得自己喝下了毒蛇，心里感觉异常不适就得了病。后来朋友跟他解释道，杯子里的"小蛇"是墙上的那把弓箭在杯子里形成的倒影。客人听到后立刻解了心结，病也好了。后来就有了一个成语——杯弓蛇影。

模拟火山

火山，大家应该都知道，是一种能够喷出大量烟雾和岩浆的可怕的东西。我们在电视里看过关于火山的纪录片，火山喷发的时候，到处都是火苗，到处都是浓烟，岩浆从山上流下来，所经过的地方都被毁掉了，真的是很可怕。这么可怕的火山我们很少能在现实中见到，但是我们可以模拟一下它的喷发，下面我们来做一个火山喷发的小实验！

在实验室里找一个小玻璃瓶，在它的软木塞上钻两个小孔，这两个小孔要刚刚好让两根细玻璃管插进去。其中的一根玻璃管要差不多接近到瓶底，而另一根则是要悬在瓶中。还要把一根棉线放到悬在中间的那根玻璃管中，棉线要多出几厘米就可以了。然后点燃蜡烛，让融化了的蜡封住里面放有棉线的玻璃管。

实验马上就要开始了，我们将刚刚沸腾的开水倒入玻璃瓶中，同时在里面加点红墨水，让水变成醒目的红色，然后把插有玻璃管的软木塞塞上。用布包住玻璃瓶，小心翼翼地把它放到装有冷水的大开口玻璃容器中，让冷水淹没它。用手扯掉插在玻璃管中的棉线。玻璃瓶中的冒着热气的红颜色的水立刻就从管子里喷发出来，并且还向四周散开，就像火山喷发的景象。

等到瓶子当中的水喷发出了一些后，这个景象才会慢慢地停止，这个时候玻璃瓶中的红色已经淡了许多。当我们把玻璃瓶浸到冷水当中去的时候，冷水会通过那个有棉线的玻璃管进入到玻璃瓶。玻璃瓶中的是热水。冷水的密度大一些，所以就把密度小一些的热水给挤出来了，就形成了壮观的喷发现象。当瓶子里的冷水多了，两种水的温度接近的时候，喷发就会停止了。

我们的这个实验其实是模拟的海底火山喷发的景象。海底的火山和地面的一样，分为死火山和活火山。在海底火山喷发的时候，也会产生大量的气体和粉尘，不过这些东西都会溶解到水里，还会把周围的海水加热。喷发时还会形成爆炸，这种爆炸产生的力会推动海水产生海啸，海啸则是我们人类不可抵挡的自然灾害了。

在海底到处都可以看到火山。海底的那些圆锥形的小山包就是它们喷发后留下的。科学家经过很长时间的探测后统计，全世界大概有两万多座海底火山，这些火山有的已经死亡了，再也不能喷发；有的还相当活跃，随时都有喷发的可能；还有一部分则是在"睡觉"，谁都不知道它们什么时候会"醒"来。

瞬息让水结冰的实验

有句古话叫作"冰冻三尺，非一日之寒。"这句话的意思就是厚厚的冰层并不是一天就能够形成的。古人希望用这句话来告诉我们做事情应该持之以恒。其实呢，在化学实验里，我们还真能够让"一日之寒"就变出"冰冻三尺"来。我们一起来看看这么神奇的事情吧。

向一只看起来是装满清水的试管中，加入一些细沙一样的固体颗粒，当颗粒接触到水面的一瞬间，整个试管里的水都结冰了，捏在手里凉凉的，里面的水倒也倒不出来。

这里的奥秘就在试管里的水中，这个水可不是普通的水，而是水和十水合硫酸钠的混合物。我们把水和十水合硫酸钠按照比例配好之后，用酒精灯稍微加热一下，让试剂能够在水里完全溶解。

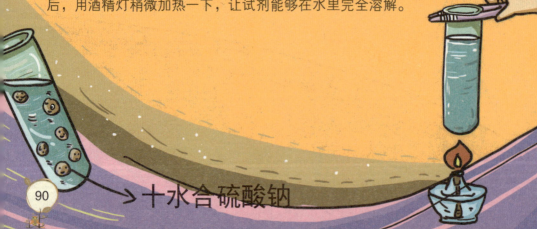

十水合硫酸钠

接着加入进去的则是硫酸钠的晶体，当处理过的液体接触到这种晶体之后，就会开始由液体变为固体，等到晶体完全落到试管的底部的时候，整只试管里就没有液体了。这究竟是为什么呢？

我们调配好的液体是属于硫酸钠的饱和溶液，我们在其中加入了过量的硫酸钠，但是还没有达到硫酸钠结晶的要求，等我们再加入一点硫酸钠的时候，就好像在平衡的天平的一端又丢下了一根稻草，顿时打破了之前的平衡，硫酸钠就开始迅速地结晶。在我们看来，就好像是水瞬间结冰了。

其实水结冰还是一个漫长的过程的，它还需要合适的温度和一定的时间。我们总是觉得冷水的温度比较低，在相同的温度下，冷水结冰的速度应该比较快，可早在两千多年前的哲学家亚里士多德就用文字记载下来了一个现象：热水的结冰速度比冷水快。水结冰其实就是一个液体变成固体的过程，这个过程出现的唯一条件就是达到合适的温度。水在零摄氏度以下就会变成固体，而酒精变成固体则需要温度达到零下一百一十七摄氏度。

玻璃火柴

玻璃做的火柴你没有听说过吧？那冰块可以燃烧你肯定也没有听说过了。在化学家的手里，只要用玻璃火柴轻轻地一点冰块，这个冰块就会立马燃烧起来，而且还会持续燃烧。这个玻璃做的火柴可比真正的火柴方便多了，想弄明白这究竟是怎么一回事吗？那我们一起来看看吧！

我们先要把一种名叫高锰酸钾的固体小颗粒磨成粉末状，这种粉末状的东西就是我

们玻璃棒火柴的原料之一，然后我们用硫酸把这些粉末溶化，再用玻璃棒沾点这个溶化后的黏稠物，玻璃棒火柴就做好了。从冰箱里取出一块冰，放在烧杯里，在冰块上还要放一块电石。这个电石的学名叫作碳化钙。我们把沾有粉末的玻璃棒在电石上一敲，冰块就立刻燃烧起来了。

玻璃棒首先和电石接触的时候，电石已经和冰块表面融化的水发生了化学反应，产生了一种容易燃烧的气体——乙炔。玻璃棒和电石接触的时候也会接触到这种气体，玻璃棒上面的那些物质能够催化反应，让乙炔迅速达到燃点开始燃烧，燃烧产生了大量的热会把冰块融化掉，冰块融化成的水又继续和电石发生反应产生乙炔，这样就有了源源不断的乙炔可以燃烧，所以冰块就被"点燃"了。

不管是什么形态的物质，只要它能够燃烧，它就有一个燃烧的温度，当达到这个温度的时候，就算没有火也会燃烧起来。在我们刚才的实验里，燃烧产生的第一点就是要让乙炔达到能够燃烧的温度。这就说明火能够点燃其他的物质的原理在于它能够加热物质，让物质达到它的着火温度。燃烧除了温度要达到着火点之外，还需要有氧气的参与，氧气能够帮助物体燃烧。所以在灭火的时候有两种办法：一种是降低温度；一种就是隔绝氧气，让燃烧失去助燃物。

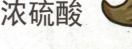

浓硫酸

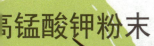

锰酸钾粉末

93

你知道吗?

物质的着火点

燃烧是很普通的现象，固体的纸张会燃烧，液体的石油会燃烧，甚至还有能够燃烧的气体。这些物体的燃烧都需要有足够的氧气，另外还需要到达一定的温度才行，这个能够让物体燃烧的温度就是着火点。

你知道什么是燃烧吗?

燃烧是一种会发光发热的剧烈反应。燃烧的发生需要一定的条件，首先需要能燃烧的燃烧物，其次还要达到着火点，最后需要氧气的帮助。不过还有一些特殊的燃烧没有氧气也可以进行。

巧施妙计分离
铝粉和黄沙

在实验室里，有些东西经常会混在一起，让人难以区分。如果大家某天不小心把铝粉打翻在地上，铲起来之后却发现里面混入了沙子，怎样才能够把铝粉和沙子分开呢？有的人说用筛子，可是铝粉被研磨得很细，根本没有那么细的筛子能够让铝粉通过而让沙子留下。那有没有其他的办法呢？下面就教给大家一个好方法。

先找一个有盖的干净杯子，把杯子反复洗一下，确保里面没有脏东西了之后，在杯子里倒入半杯水，把混有沙子的铝粉倒进去，再倒进一点家里平时炒菜用的色拉油，然后盖好盖子使劲地摇晃杯子。摇一会儿之后，我们就会发现杯子里面漂浮着许多的小气泡和小油珠，如果继续摇晃杯子，大家就会发现这些小油珠和小气泡里面包裹着一些小颗粒，这些小颗粒就是铝粉。这时停止摇晃杯

油

子，让瓶子里的东西沉淀一会儿，大家就会发现黄沙都沉到了水底，而小气泡和小油珠还浮在水中。这个时候我们打开瓶盖，把里面的油珠和小气泡倒入另一个干净的杯子中，再在之前的杯子中加一点油和水，继续摇动杯子。这样持续晃动几次，就可以借油珠和小气泡之力把所有的铝粉都分离出来。最后我们只要把这些小油珠和小气泡烘干就可以了。大家说，这样分离沙子和铝粉的方法是不是很简单啊？

其实这种方法的关键成分在于油，因为铝粉是一种金属粉末，金属粉末很容易依附油滴；而沙子的重量和颗粒都比较大，所以不能被油吸附，就只能沉到水底了。

这个实验是采矿工人们经常用的一个办法。新开采的矿石并不是都能够用来冶炼金属的，因为有的矿石里面并没有金属成分，这时工人们就会利用液体来挑选矿石，矿石的密度要大一些，而不含金属的矿石密度要小一些，所以在一些液体里面，含有金属的矿石不会浮起来，其他矿石和杂质都会浮起来。只要将浮起的矿石扔掉，剩下的就都是有用的金属矿石了。

你知道吗?

过滤分离固体和液体

如果固体和液体混在一起，怎样才能使它们分开呢？这时可以用过滤的办法，即用一种滤布，让液体通过而截留固体，这样固体就从液体中分离出来了。

蒸发分离溶在液体中的固体

如果固体溶解在液体中，怎样才能使它们分开呢？这时可以用蒸发的办法，即对混合溶液加热让液体变成气体"跑掉"而留下固体，这样固体就从液体中分离出来了。

神秘图画的表演

不知道小朋友们看没看过这样一个魔术。一个魔术师为我们准备了一张白纸，这张白纸上面什么都没有，他还把白纸的正反两面都给我们看了，什么都没有。这个时候，他把这张白纸挂了起来，用自己的白手套在上面抹了几下，等他的手离开纸面的时候，我们就会发现本来什么都没有的白纸上出现了一幅画，这幅画上面有着蓝色的海洋，在滚滚的波涛当中还有一艘红色的大船在向前行驶。明明刚才还是一张空荡荡的白纸，怎么就突然变成一幅美丽的图画了呢？

秘密就在魔术师的手套和白纸上面。原来，这张白纸已经被处理过了，在这张白纸上，魔术师用亚铁氰化钾在白纸上先画出了波涛汹涌的大海，刚刚画上去的时候，因为亚铁氰化钾带点淡黄色，所以白纸上还有些印记，等画面干了之后，就什么痕迹都没有了。魔术师继续在白纸上画画，他换了一种颜料，用硫氰化钾溶液来画水里的大船。等所有的东西都画完了，把纸晾干，这张白纸上就跟什么都没有一样了。

而在变魔术之前，魔术师就在自己的白手套上浸满了三氯化铁，当他开始变魔术的时候，就用力地把手套里的液体挤出来，然后撒在白纸上。这时三氯化铁会和白纸上的两种药剂发生反应，和亚铁氰化钾反应之后会生成蓝色的亚铁氰化铁；和硫氰化钾反应，会生成红色的硫氰化铁。于是在画面上，白色的纸张上面就出现了蓝色的大海和红色的大船了。

自制的防雾玻璃

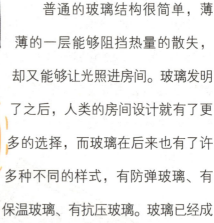

普通的玻璃结构很简单，薄薄的一层能够阻挡热量的散失，却又能够让光照进房间。玻璃发明了之后，人类的房间设计就有了更多的选择，而玻璃在后来也有了许多种不同的样式，有防弹玻璃、有保温玻璃、有抗压玻璃。玻璃已经成为了我们建筑业当中不可缺少的部分。

可是在冬天的时候，外面的天气很冷，当我们进入温暖的房间的时候，戴眼镜的小朋友总会遇到这样的麻烦——眼镜上出现了一层雾气，抹都抹不掉，只有等到眼镜适应了室内的温暖环境，雾气才会慢慢地消失。还有冬天开车的时候，刚刚发动车子，打开车子里的暖气，车窗户上就会出现一层雾气，十分影响司机的视线。怎么样才能避免玻璃上出现这些讨人嫌的雾气呢？那我们就来自己制作一种能够防雾的玻璃吧。

　　拿一块干净的玻璃，把我们在厨房洗碗用的洗洁精倒一点到玻璃上面，然后用小纸板的边缘慢慢地把洗洁精抹开，抹成薄薄的一层。我们把这块处理过的玻璃拿到开水瓶口，打开开水瓶，让里面的热气正好喷到涂抹了洗洁精的玻璃上面。这时，我们会发现涂抹了洗洁精的地方没有出现小水珠和雾气，而其他的地方则出现了小水珠和雾气。

　　其实，这些洗洁精改变了喷出来的水的性质，它们使得这些水蒸气不能够形成小水珠挂在玻璃上，相反这些水蒸气形成了一层保护膜伏在玻璃上，这样就不会影响到玻璃的透视效果了。我们冬天里使用的防雾剂就是利用这样的原理来制作的，把那个防雾剂涂在眼镜上，不管我们去哪里，眼镜上就都不会有雾气了。

水为什么烧不开

我们现在喝的白开水，就是把自来水放到壶中加热，等到水沸腾了，白开水就烧好了。无论是冬天还是夏天，我们都可以把自来水烧开，可是现在却有一种水烧不开的现象出现，实在是太神奇了。

我们拿一个大烧杯和一个小烧杯，把大小烧杯里都装满水，同时把小烧杯放到大烧杯里。用酒精灯加热大烧杯，用不了多久，大烧杯里的水就开始咕噜噜地翻滚起来，水烧开了。但是这个时候小烧杯里却什么反应都没有，水面依旧很平静。为什么小烧杯里的水不会沸腾呢？难道是因为温度不够？

我们可以拿温度计测量一下，发现小烧杯里的温度和大烧杯里的一样。那这究竟是因为什么呢？

其实，水烧开了也就意味着水在这个时候能够变成水蒸气，此时水温已达到一百摄氏度，达到这个温度之后，不断地吸收热量，水就可以沸腾了。小烧杯里的水可以达到一百摄氏度，可是它却不能够吸收更多的热量去产生水蒸气了，因为大烧杯里的热量都被大烧杯里的水消耗掉了，所以小烧杯虽然温度到达了一百摄氏度，却没有沸腾。

沸点也就是液体沸腾时候的温度。水的沸点是会发生变化的，我们平时说的水的沸点是一百摄氏度是在标准大气压下测量的，而在高山上，大气压力不足，水的沸点就降低了。那么在高山上我们为了能够使水达到一百摄氏度来煮熟食物，就必须用到高压锅。

我们平时烧水就算把水烧干了，水的温度总是保持在一百摄氏度，不会增加。可是在高压锅里，压力的增大会使水的沸点上升，水温到达一百摄氏度的时候还没有达到沸点，所以水温就会继续上升。因此人们可以利用高压锅来快速加热，或者用它产生的高温来消毒。

小实验中的大道理

相信大家或多或少都曾有过帮助家长做家务的经历，也一定看到过一个现象：在一个烧着热油的锅中，突然加入一点冷水，锅里的油瞬间就会噼里啪啦地响起来，油滴也会四溅。这个时候要赶紧盖上锅盖，否则被油滴溅到，就会烫伤我们的皮肤。如果在一锅沸水中滴入几滴油，又会发生什么现象呢？大家不妨动手试试：在锅中烧一些开水，待水沸腾之后，往翻滚的水中倒一点菜油，你会发现竟然什么也没有发生。

这是为什么呢？

原来这是由液体的沸点不同导致的。水的沸点是一百摄氏度，油的沸点比水高一些。而水的密度比油大，落入油锅的水滴会往下沉。在还没有到达底部的时候，水的温度就会达到沸点，这个时候水滴就会膨胀，继而变成水蒸气往外跑。这样一来，就会顺便带出一些油来，所以会发生油滴四处飞溅的情况。反之，当我们把几滴油放入水中之后，密度比水小的油就会浮在水面上。而油的沸点又比水高，因此当水沸腾的时候，油还没有到达沸点，所以就不会发生急剧膨胀，并变成气体飞起来的情况。

值得注意的是，水倒入浓硫酸后，也会出现与水滴入沸油时相似飞溅的现象。所以大家在做稀释浓硫酸的试验时，要把浓硫酸沿玻璃棒缓慢地引入水中，防止硫酸溶液四溅腐蚀皮肤、衣服。

夏天的时候，住在郊外的人们往往喜欢到外面的河里去游泳，其实这是非常危险的行为。因为有时候河里会产生可怕的漩涡，产生强大的吸力使人无法摆脱。

大家如果不信的话，就一起来做一个实验吧！

先往一个空饮料瓶里装水，当水面离瓶口两厘米左右时停下来。再把一块塑料板掰成黄豆一样大的小颗粒，差不多十五到二十颗就够用了，然后倒进饮料瓶里。把瓶盖拧上，拿着瓶子使劲摇晃。这时候大家会发现水里的气泡和塑料颗粒都向上跑，因为上方的压强比较小一些。

再把饮料瓶横放，左手托住瓶子，右手捏住瓶颈一直旋转，让里面的水围绕着一条中心线形成规律的运动。之后大家就会看到水里的气泡和塑料颗粒也围绕着中心线运动，并且正处在水涡的中心。由此可见，漩涡中心的气压比周围的气压要低一些。在河里游泳也是一样的道理，当出现漩涡的时候，中间的气压比较低，外面的水就会使劲把人往漩涡中心推去。当人被推到最中心的点上时，由于那里是气压最低的地方，人就会往河里下沉，危险就发生了。

你知道吗？

漩涡的方向

因为地球自转的原因，北半球和南半球漩涡旋转的方向是不一样的，北半球的漩涡是顺时针方向，南半球的漩涡是逆时针方向的。

空气的漩涡——龙卷风

空气的对流会形成风，当对流比较强烈的时候会形成威力无比的龙卷风。龙卷风是一种风形成的涡旋，中心点的风速可以达到每秒钟一两百米，最大速度有每秒钟三百多米，比台风中心的风速大多了。龙卷风的杀伤力是很大的，会把人卷走，会掀翻车辆，会把大树连根拔起，甚至会摧毁房屋等。

我们能看见空气吗？

　　空气是地球表层包裹着的一层气体，它可以让地球免受紫外线的照射，它还能够为人类提供呼吸用的氧气。那么空气里含有最多的成分是不是氧气呢？不是的，空气里最多的成分是氮气，其次才是人类呼吸用的氧气。空气中的氧气对所有在地球上生活的动植物来说是必不可少的东西，大部分的生物都需要依靠氧气来生存。除此之外，植物还需要吸收空气里的二氧化碳来制造养料。

　　那我们怎么样来判断空气的存在呢？

　　深深地吸一口气，能够感觉到空气的清新。我们拿出一个空瓶子，打开之后，里面什么都没有，其实里面有空气存在。老师们告诉我们，空气是无色无味的，没有颜色就代表着我们正常情况下无法看到它。那我们真的没有办法看到空气吗？

　　其实我们可以通过一些办法来看到空气的存在。

　　先来看看一个简单的办法，我们用手捂住一个杯子的杯口，把它倒扣着放到水里面，然后松开手，这个时候杯子里仍然是空的，水并不能全部跑到杯子里去，因为杯子里面有空气，空气占据了杯子里的大部分空间。我们借助水的帮助了解到了空气的存在。

我们点燃一根蜡烛，在光亮的地方观察蜡烛火苗上方的空气，你会隐约看到有淡淡的东西在上升，这些上升的东西还让你看不清楚远处的事物。这就是热空气在慢慢上升而留下来的影子。

我们利用手电筒可以让影子显形。晚上点燃一根蜡烛，把它放到离墙不远的地方。关掉房间里所有的灯，在火苗的前面打开手电筒，让手电筒的光能够照到火苗。我们再仔细观察在后面墙壁上的影子，代表蜡烛的阴影上方，有一丝丝淡淡的影子在向上飘动，这影子的颜色很淡很淡，不仔细观察完全注意不到，这个就是空气的影子。

空气的影子是如何被我们捕捉到的呢？

首先，热空气和冷空气虽然都是空气，但因为它们温度的不同，它们的性质也有所改变，光在穿过冷空气和热空气的时候，速度会发生变化，在热空气中，光的速度要快一些，这个时候我们就会觉得热空气和冷空气是两种不同物质。那么光在通过不同的物质的时候会有些什么样的变化呢？光在穿过玻璃的时候就会在玻璃和空气的边界上发生折射，那么光在通过冷热空气的边界的时候也会发生折射现象，就是这种折射现象，让看不见的空气显了形。

我们看到空气的影子之后有什么用呢？在科学家的眼里这些都是有用的东西。比如说火箭升空的时候会穿过空气，在空气中会留下一些旋涡，我们要是能够看到这些旋涡就可以了解到火箭升空时候的一些轨迹，就可以了解到火箭在升空的时候，空气的阻力到底是怎样阻止火箭升空的，也为我们以后能够造出更好更快的火箭奠定基础。

吹口气让蜡烛燃烧

我们在吹生日蛋糕上的蜡烛的时候，旁边的朋友都会在那里喊"一口气吹灭！"我们的确可以一口气把蜡烛给吹灭，可是你们知不知道谁可以把蜡烛一口气吹燃烧？

有一种特殊的蜡烛，我们点燃它的时候，只需要朝着它吹一口气，它就自己燃烧起来了。这种蜡烛一般的魔术师都有，魔术师会让我们每个人来看看，这是不是一根普通的蜡烛。这根蜡烛看上去和平时家里的没有什么两样，其实它是被魔术师做了手脚的。当魔术师把蜡烛摆放好的时候，他对着蜡烛吹一口气，蜡烛就被点着了。这是为什么呢？

其实，魔术师对蜡烛的灯芯做了一点点手脚。他在表演之前就把蜡烛的灯芯给散开，在里面添加了一点点二硫化碳溶液。二硫化碳在空气里很容易变成气体跑掉，魔术师对着灯芯吹一口气就是为了加速二硫化碳的挥发。二硫化碳变成气体跑了之后会在蜡烛上留下一些白磷。白磷的性质极其不稳定，温度稍微高一点就会自动燃烧。

白磷的性质比较活泼会和氧气发生反应放出大量的热，这些热被剩下的白磷吸收后，白磷就燃烧起来了，白磷燃烧之后就会顺带着把蜡烛点燃了。

这就是一口气吹着蜡烛的秘密所在。白磷的着火温度非常低，只需要四十摄氏度就可以燃烧了，而普通的摩擦、太阳的照射，很容易就可以让温度达到四十摄氏度，所以白磷很容易自燃。它在野外产生之后，经常会引起一些莫名其妙的火灾，这些大火神神秘秘难以捉摸，所以人们又叫它"鬼火"。

在我们平时见过的火柴上面，还有一种和白磷很类似的东西——红磷。白磷的着火温度低，红磷的着火温度高，红磷需要二百四十摄氏度的高温才能燃烧。白磷还有毒性，小动物误食了白磷就会死亡。而红磷是没有毒性的。这些原因使红磷成为了安全火柴的原料。

砂糖能"引"水

　　白糖是经过精炼之后的糖，它的颜色洁白好看，甜度高，平时在菜里面或者是汤里面加一点白糖可以使味道变得更加鲜美。我们国家根据白糖纯度的不同，把白糖分为了四个级别，这四个级别分别是：精制白砂糖、优级白砂糖、一级白砂糖、二级白砂糖。

　　白糖就是把甘蔗榨成汁之后，通过一系列的加工，把里面的蜜糖成分提炼出来形成的。而红糖则没有经过那么多的处理，所以它里面包含了许多白糖没有的成分，它所蕴涵的微量元素也比白糖要多。

蔗糖

白砂糖的味道甜甜的，在水里加一点白砂糖能够补充我们的体力，也能使白开水变甜。白砂糖还有一些奇妙的用处。

我们准备好一个苹果，把它削好，在苹果肉最厚的地方切一块下来，在这块苹果上挖一个小洞，这个洞要是一个圆锥形，这个洞的底部要正好在苹果的另一面上。我们把挖好的苹果放到杯子上，看这个苹果里会不会有水冒出来。等了很久发现，没有任何反应，不要着急，我们在挖的洞里撒上一点点糖。过一会儿，糖不见了，小洞里也出现了点点的水珠，最后顺着小洞滴到了杯子里。

这是因为白砂糖改变了苹果内细胞的浓度，让细胞觉得外面的浓度大一些，要和外面的浓度保持一致，所以就把自己体内的水给排出来了。

会变颜色的液体

300ml水 ＋ 3ml浓盐酸

这次的这个实验用到的试剂有些危险，小朋友们在做的时候一定要注意安全。这次实验，我们需要用到三大强酸之一的盐酸。盐酸是一种具有腐蚀性的液体，容易挥发，会在空中形成酸雾，这种酸雾也是具有腐蚀性的。我们的身体里也有盐酸的存在，胃酸里的主要成分就是盐酸。

在一个烧杯中倒入半杯清水，再用滴管往这个清水当中滴上三四滴浓度为百分之九十五的浓盐酸，这个时候烧杯里的液体还是无色透明的。找一个旧的开水瓶，把烧杯里的液体倒进去，慢慢地晃动开水瓶，让开水瓶里的液体能够在里面充分地和开水瓶胆接触。大约5分钟之后，我们就可以把开水瓶里的液体倒出来了，这个时候，烧杯里的液体变得又黄又浑浊，之前无色透明的液体不见了。

我们刚刚在烧杯里配制的其实就是一点点稀盐酸，稀盐酸能够腐蚀掉一些污垢，所以我们把它倒进了开水瓶里，利用它的腐蚀性来去掉瓶胆里的水垢。被清理掉的污垢溶解在了水里，就使液体变成了黄色。

　　其实我们还可以用醋代替盐酸来清洁开水瓶。醋里最主要的成分就是醋酸，醋酸也有腐蚀性，只不过我们平时吃的醋里醋酸含量比较少而已。醋酸的腐蚀性也很大，我们在使用的时候也需要稀释了之后再使用，醋酸也没有醋那么好闻，因为它里面没有醋的香料成分。实验的步骤是一样的，将醋酸稀释了之后倒进开水瓶里，等一会儿也会倒出淡黄色的液体。经过这样的处理之后，瓶胆里又变得干净了。

奇妙的"水下森林"

在一次元旦晚会上，一位化学老师为我们表演了一个精彩的节目。

他首先端出了一个无色透明的金鱼缸，这个金鱼缸里什么都没有。这位老师从荷包里掏出了一个小袋子，把袋子里的几颗不知道是什么的颗粒倒进了水里。这个时候，小颗粒在水里慢慢地开始膨胀，接着小颗粒开始长出了长长的枝条，这些枝条不断地生长，向四周蔓延开来，这些枝条的颜色也不一样，有的是红色的，有的是绿色的，还有的是白色的。这些枝条最后布满了整个金鱼缸，成为了一个奇妙的"水下森林"。这个节目真的出乎大家的意料，这位化学

老师竟然变出了一金鱼缸的"森林"。

后来，化学老师告诉我们，他手里的那个金鱼缸里装的可不是普通的水，而是硅酸钠的水溶液。这种硅酸钠有一个别名，就是水玻璃。而后来倒入金鱼缸里面的就是一些能够和水玻璃发生反应的小晶体。这些晶体里面含有铜、铁、锌、镍等重金属元素，所以它们的颜色就是五颜六色的，含有铜的是蓝色的，含有铁的是红色的，含有锌的是白色的，含有镍是深绿色的。这些小晶体可以和硅酸钠发生化学反应，生成的物质都有颜色，这就是我们看到五颜六色的枝条的原因，那么这些枝条又是怎么样生长的呢？

当这些晶体和硅酸钠发生反应之后，硅酸钠会在这些生成物的表面形成一个性质特别的膜，水能够通过这个膜，而其他的物质则不能穿过这个膜。所以膜里面的水会越来越多，最后就会把这个膜挤破了。这个膜破裂了之后，

里面的晶体又可以和硅酸钠发生反应生成那些有颜色的物体了。就这样，反应就会不断地使有颜色的枝条慢慢地长大，等到能够反应的物质都没有了的时候，反应就停止了。这个反应停止的时候也就是"水下森林"完整地出现在大家面前的时候。

我们在这次实验里用到了水玻璃。当它是固体的时候，它叫作硅酸钠；当它溶解在水里的时候，它就变成了水玻璃。纯净的水玻璃是没有颜色的，像油一样黏稠。而含有杂质的水玻璃则会呈现出淡黄色。

水玻璃不仅仅是我们用来做实验的药品，它还有着广泛的用途。水玻璃是一种油状的黏稠物体，所以我们可以利用它来黏合一些建筑材料，用它来做黏合剂不用担心风吹日晒和一些腐蚀性物品的腐蚀。同时水玻璃还可以作为防腐的材料来保护一些重要的物品。

忽上忽下的鸡蛋

先给小朋友们做一个有趣的小实验。

取两只两毫升的未开过口、内盛有针剂的玻璃针剂瓶，放入大烧杯内的清水中，你会看到，两个瓶子都浮在水面上。在瓶颈处绕上适量细漆包线，用一小段蜡烛，在一只针剂瓶的外壁均匀地涂上一层石蜡；用一团蘸有酒精的药棉球，将另一只针剂瓶的外壁擦干净。再把两只针剂瓶放入水中，结果它们都沉到了底部。细心地减少绕在瓶颈处的细漆包线，使两只针剂瓶都恰好能直立悬浮在水中，且和杯底略有接触。

用一根麦秆或喝汽水用的塑料吸管，向烧杯内的水底吹气，让气泡在水中翻转一段时间。你便会发现，那只涂过石蜡的针剂瓶浮到了水面上，而另一只用酒精棉球擦过的针剂瓶却依然在杯底。这是为什么呢？

把一块洁净的玻璃片浸入水里再取出来，玻璃片的表面会附着一层水。把一段蜡烛浸入水里再取出来，水不会附着在蜡烛表面。这就使得水中的气泡很容易挤进水和石蜡之间，并吸附在石蜡上，而挤不进水和洁净的玻璃之间。

吸附了较多气泡的针剂瓶所受的浮力明显增大，所以就浮到了水面上。而另一只针剂瓶所受的浮力不变，自然仍在水底。只要仔细观察一下便可发现，浮在水面上的针剂瓶外壁确实附有不少细小的气泡。

取三百毫升烧杯一只，加入大半杯蒸馏水或凉开水。取一只生鸡蛋放入水中，鸡蛋便安稳地沉在杯底。往烧杯中倒入五十毫升浓盐酸，便可见鸡蛋壳和盐酸溶液剧烈反应，使蛋壳表面产生许许多多的小气泡。随着积聚在蛋壳表面的气泡增多，鸡蛋便从杯底冉冉上浮，直至大半个露出水面。片刻后，附着在蛋壳上的气泡因不断破裂、泄气而大量减少，鸡蛋又缓缓下沉到杯底，过一会儿又上升……如此周而复始，鸡蛋浮沉不止，就像一个在水中游泳的胖娃娃，过一会儿就要浮出水面呼吸一次空气。

原来，鸡蛋壳和盐酸反应后会生成二氧化碳气体。大量充满二氧化碳气体的气泡附着在蛋壳上，使鸡蛋所受的浮力增大，向上浮起。

你知道吗？

怎么辨别生鸡蛋和熟鸡蛋

拿一枚鸡蛋放在桌子上，用手让鸡蛋在桌子上旋转起来。当手离开后观察鸡蛋的情况，如果转得比较快就是熟鸡蛋，如果转动得比较慢就是生鸡蛋。

蛋壳竟然变软了

首先准备一枚生鸡蛋，小心将其表面擦洗干净，然后找一个干净的玻璃杯子，在里面倒半杯清醋，将鸡蛋放进去。浸泡一会儿之后，大家就会看到有许许多多的小气泡附着在蛋壳上，并且蛋壳也变得非常软。这是为什么呢？原来鸡蛋壳里含有一种物质，叫作碳酸钙；而清醋里含有醋酸。它们两个能互相分解、作用产生二氧化碳，就是我们在蛋壳上看到的小气泡。而蛋壳被清醋分解了，自然就变得软软的了，是不是很神奇呢？